COURS ÉLÉMENTAIRE

D'ALGÈBRE,

RÉDIGÉ D'APRÈS LE NOUVEAU PROGRAMME DU BACCALAURÉAT-ÈS-SCIENCES,

Sous la direction d'un Inspecteur d'Académie,

Par un Professeur du Collége libre de Notre-Dame

DE RETHEL.

PARIS, chez MALLET-BACHELIER, libraire, quai des Grands-Augustins, 55.
chez LECOFFRE et C.ie, libraires, rue du Vieux-Colombier, 29.
REIMS, chez BONNEFOY, libraire.
RETHEL, chez BEAUVARLET, imprimeur-libraire.
CHARLEVILLE, chez MAILFAIT, libraire.

1856.

une seule lettre. Ainsi : pour montrer que le binôme $a-b$ doit être augmenté ou diminué du trinôme $a-4b+1$; multiplié ou divisé par ce même trinôme, on l'écrira :

Pour l'addition. . . . . $(a-b)+(a-4b+1)$.
Pour la soustraction. . . . . $(a-b)-(a-4b+1)$.
Pour la multiplication. . . . $(a-b)\times(a-4b+1)$.
Pour la division. . . . . $(a-b):(a-4b+1)$.

Si l'on met les polinômes sous forme de fraction, pour indiquer la division, alors on ne les met pas entre parenthèses : $\frac{a-b}{a-4b+1}$.

On appelle *termes semblables* ceux qui sont composés des mêmes lettres affectées des mêmes exposants.

Quand un polynôme renferme des termes semblables, il est susceptible de simplification.

Pour opérer la réduction des termes semblables, on forme un seul terme positif de tous les termes semblables précédés du signe $+$; et de même un seul terme négatif de tous les termes affectés du signe $-$; on retranche ensuite la plus petite somme de la plus grande, en donnant au résultat le signe de la plus grande.

Ainsi : $5a^3b^2-7a^3b^2+4a^3b^2+6a^3b^2$ se réduit à $5+4+6a^3b^2$; ou : $15a^3b^2-7a^3b^2$; ou : $+8a^3b^2$.

COURS ÉLÉMENTAIRE

RETHEL. — IMPRIMERIE DE BEAUVARLET.

COURS ÉLÉMENTAIRE

D'ALGÈBRE,

RÉDIGÉ D'APRÈS LE NOUVEAU PROGRAMME DU BACCALAURÉAT-ÈS-SCIENCES,

Sous la direction d'un Inspecteur d'Académie,

Par un Professeur du Collége libre de Notre-Dame

DE RETHEL.

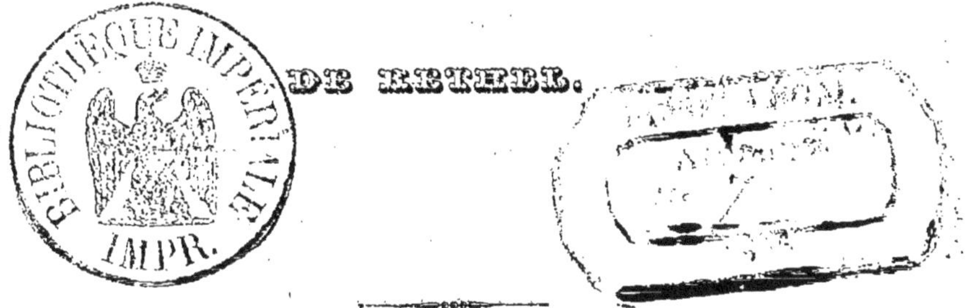

PARIS, chez MALLET-BACHELIER, libraire, quai des Grands-Augustins, 55.
chez LECOFFRE et C.ie, libraires, rue du Vieux-Colombier, 29.

REIMS, chez BONNEFOY, libraire.
RETHEL, chez BEAUVARLET, imprimeur-libraire.
CHARLEVILLE, chez MAILFAIT, libraire.

1856.

AVERTISSEMENT.

Il est bien peu de jeunes gens qui, au sortir de leurs études, ne disent de bien bon cœur un éternel adieu à l'Algèbre. D'où vient donc ce mépris déversé sur une science, la clef des sciences mathématiques?

Il faut convenir que les généralités, les abstractions dont elle s'occupe, découragent quelquefois les esprits les moins prévenus.

Mais il faut avouer aussi que les grands auteurs contribuent pour leur part à provoquer ce dédain jeté sur l'Algèbre.

Ces hommes à talents incontestables supposent malheureusement trop souvent que leurs élèves en savent presque autant qu'eux....

Ils émettent un principe...., et ce principe est très-clair pour eux ; il s'en faut de beaucoup qu'il en soit ainsi pour les élèves.

Ce principe, cette règle renferme des expressions familières à l'auteur, qu'il lui semble être facile de saisir, et qui, pour l'élève, sont un langage incompréhensible.

Après ce principe ou cette règle vient une opération qui en est l'application ; mais tout-à-coup, dans cette opération, on fait subir aux quantités des transformations dont on n'a pas parlé, ou bien on donne des résultats d'opérations intermédiaires faites sur des brouillons en dehors de la rédaction de l'ouvrage; de là il résulte que l'élève est arrêté, déconcerté, ne voyant pas la trace de l'opération; il se dégoûte, il ferme le livre, et maudit la science. Le livre est savant, mais est-il utile?

L'auteur de ce petit ouvrage a passé par ces épreuves; il les a senties, et il a voulu les épargner aux élèves. La rédaction est donc la plus simple possible. L'auteur n'est pas savant, il veut être utile; il bégaie avec ceux qui ne font que bégayer; il expose toutes ses déductions, ses transformations avec une marche que les savants trouvent peut-être puérile, trop détaillée; mais il parle pour ceux qui apprennent l'Algèbre, et non pour les maîtres; au lieu que les grands auteurs oublient qu'ils ont été élèves, et peut-être élèves bien embarrassés autrefois.

Ce cours renferme toutes les questions exigées pour le baccalauréat-ès-sciences, et l'admission à la plupart des écoles du Gouvernement.

Puisse la jeunesse, en lisant cet ouvrage, renoncer à ses préjugés contre une science indispensable aujourd'hui plus que jamais!

NOTIONS PRÉLIMINAIRES.

L'Algèbre est une science qui a pour objet la considération des grandeurs représentées indépendamment de tout système de numération.

Elle a pour but de simplifier et de généraliser les opérations.

Pour parvenir à cette fin, on emploie deux sortes de signes; les uns que l'on appelle signes généraux, et qui servent à représenter les grandeurs; ce sont les lettres de l'alphabet.

On est convenu de représenter les quantités que l'on regarde comme connues, par les premières lettres, et les quantités réellement inconnues, par les dernières.

Les autres sont les signes particuliers, ou signes d'opération, qu'on est convenu d'indiquer de la manière suivante :

Augmenté de, ou plus,	par.	$+$
Diminué de, ou moins,	d.°	$-$
Multiplié par,	d.°	$\times$
Divisé par,	d.°	$:$
Égale,	d.°	$=$
Plus grand que,	d.°	$>$
Plus petit que,	d.°	$<$

D'après ces conventions, la phrase suivante : les 3/4 d'un nombre inconnu, augmentés de 12, égalent le triple du même nombre inconnu diminué de 48, s'écrira : $3/4x+12=3x-48$.

On appelle expression algébrique toute quantité écrite en langage algébrique, c'est-à-dire exprimée au moyen des signes abréviatifs de l'Algèbre.

Quand une expression algébrique est composée soit de nombres, soit de lettres, sans que les quantités soient séparées par le signe + ou le signe —, l'ensemble de ces quantités est ce qu'on appelle *terme.*

L'expression algébrique est appelée *monôme*, *binôme*, *trinôme*, selon qu'elle est composée d'un, de deux, de trois termes.

Si le nombre de termes n'est pas désigné, on donne à la quantité le nom de *polynôme.*

Les éléments dont se compose un terme sont :

1.° Le *coefficient*, nombre qui précède la quantité littérale, et qui indique combien de fois plus 1 elle est ajoutée à elle-même.

Ainsi : $a+a+a+a$ ou a ajouté trois fois à lui-même, s'écrit : $4a$; 4 est ici coefficient.

2.° Les *lettres*, quand elles sont placées à la suite les unes des autres sans interposition de signes, indiquent que les quantités qu'elles représentent sont multipliées les unes par les autres.

Ainsi : $4abc$ est la même chose que $4\times a\times b\times c$.

3.° Les *exposants*, dont on se sert quand une quantité est multipliée plusieurs fois par elle-même.

Ainsi : $a\times a\times a\times a\times a$ ou a cinq fois facteur de suite s'écrira : a^5. L'exposant est donc un chiffre placé à la droite et un peu au-dessus d'une quantité, pour indiquer combien de fois cette lettre est facteur dans le produit.

Toute quantité sans exposant écrit est censée avoir l'unité pour exposant.

4.° Le $\sqrt{}$ dont on fait précéder une quantité de laquelle on veut extraire une racine d'un certain degré. On place dans ce signe, que l'on appelle *radical*, le nombre qui désigne le degré de la racine à extraire. On indique, par exemple, l'extraction de la racine 4.e de *ab* par $\sqrt[4]{ab}$.

5.° Les signes + ou —. Toute quantité qui n'en a point est censée avoir le signe +.

On nomme termes *positifs* ceux qui sont précédés du signe +, et termes *négatifs* ceux qui sont précédés du signe —.

La soustraction conduit aux quantités négatives, car si de 4 on veut soustraire 10, cela revient à soustraire de 4 successivement 4 et 6, et le résultat sera : 4—4—6 ou —6.

Ainsi, une quantité négative isolée est le résultat d'une soustraction impossible, parce que le minuande est plus petit que le minuteur, et ces sortes de quantités sont plus petites que 0.

On entend par *degrés* d'un terme le nombre de facteurs littéraux que contient ce terme. Ainsi : $3ab^3$ est un terme à 4 degrés, parce que, sans exposant, on aurait $3abbb$, ou 4 facteurs.

Un terme qui contient un facteur est du premier degré; deux facteurs, du deuxième degré; trois facteurs, du troisième degré; pour avoir le degré, il suffit de faire la somme des exposants.

On appelle quantités *homogènes* celles qui sont composées de termes du même degré : $3a^2-4ab+2cd$. Une quantité est *hétérogène* lorsque ses termes ne sont pas du même degré : $2a^5+4b^2-3c$.

On appelle valeur *numérique* le résultat que l'on obtient quand, après avoir donné une valeur à chaque lettre, on effectue les calculs indiqués.

Quand on veut indiquer une opération sur les polynômes, on les met entre parenthèses, et l'on indique sur ces parenthèses l'opération, comme on l'indiquerait sur une seule lettre. Ainsi : pour montrer que le binôme $a-b$ doit être augmenté ou diminué du trinôme $a-4b+1$, multiplié ou divisé par ce même trinôme, on l'écrira :

Pour l'addition. . . . . $(a-b)+(a-4b+1)$.
Pour la soustraction. . . . . . . $(a-b)-(a-4b+1)$.
Pour la multiplication. . . . . $(a-b)\times(a-4b+1)$.
Pour la division. . . . . $(a-b) : (a-4b+1)$.

Si l'on met les polynômes sous forme de fraction, pour indiquer la division, alors on ne les met pas entre parenthèses : $\frac{a-b}{a-4b+1}$.

On appelle *termes semblables* ceux qui sont composés des mêmes lettres affectées des mêmes exposants.

Quand un polynôme renferme des termes semblables, il est susceptible de simplification.

Pour opérer la réduction des termes semblables, on forme un seul terme positif de tous les termes semblables précédés du signe $+$; et de même un seul terme négatif de tous les termes affectés du signe $-$; on retranche ensuite la plus petite somme de la plus grande, en donnant au résultat le signe de la plus grande.

Ainsi : $5a^3b^2-7a^3b^2+4a^3b^2+6a^3b^2$ se réduit à $5+4+6a^3b^2$; ou $15a^3b^2-7a^3b^2$; ou $+8a^3b^2$.

CHAPITRE I.er

OPÉRATIONS SUR LES QUANTITÉS ENTIÈRES.

§ 1.er Addition.

L'addition est une opération par laquelle on réunit en une seule plusieurs quantités proposées. Elle n'est que l'action de placer auprès l'une de l'autre plusieurs quantités, en laissant les signes tels qu'ils sont, et opérant la réduction des termes semblables.

Ainsi : $(7a+5b)+(-5a+7b-3c+d)$ donne pour total $2a+12b-3c+d$.

§ 2.e Soustraction.

La soustraction est une opération qui détermine la différence qui existe entre deux quantités, ou qui a pour but d'isoler des quantités précédemment réunies.

Pour obtenir le résultat d'une soustraction, il suffit d'écrire les quantités du minuteur à la suite de celles du minuande, avec des signes contraires.

Ainsi : $a-(+b+c)$ donne pour résultat $a-b-c$.

En effet, si j'ai 9—(5—2), je dis : 5—2=3, et 9—3=6 : mais si je dis : 9—5=4, je n'ai pas le vrai résultat, car ce n'est pas 5 qu'il faut retrancher de 9, mais 5—2; mon résultat est donc trop faible, puisque j'ai retranché un nombre trop grand; il faut donc que j'ajoute 2 à ce résultat, et j'ai 9—5+2=6. Il en est de même pour les lettres, et l'on voit que le minuteur a été écrit avec des signes contraires, à la suite du minuande.

§ 3.e Multiplication.

La multiplication est une opération qui a pour but de former avec deux nombres un troisième appelé *produit*, et qui se compose avec le multiplicande, comme le multiplicateur se compose avec l'unité.

Dans la multiplication, il faut observer quatre règles communes à la multiplication des monômes et à celle des polynômes :

1.° La règle des signes qui consiste à donner au produit le signe +, quand les facteurs ont le même signe, et le signe —, quand ils ont des signes différents.

2.° La règle des coefficients qui consiste à les multiplier l'un par l'autre.

3.° La règle des lettres qui consiste à écrire à la suite du produit des coefficients chaque lettre une seule fois.

4.° La règle des exposants qui consiste à ajouter ensemble les exposants des mêmes lettres.

Multiplication d'un monôme par un monôme.

$$5a^3b^2c \times 4a^2b^4c^5d.$$

L'opération se réduit à celle-ci :

$$5 \times a^3b^2 \times c \times 4 \times a^2 \times b^4 \times c^5 \times d.$$

On ne change pas la valeur d'un produit en changeant l'ordre des facteurs.

Ainsi on a :

$$5\times4\times a^2\times a^3\times b^2\times b^4\times c\times c^3\times d\,;$$

$$\text{or, } 5\times4=20 \text{ et } a^2\times a^3=a^5\,;$$

Donc on a déjà $20a^5$;

$$b^2\times b^4=b^6 \text{ et } b^6\times20a^5=20a^5b^6\,;$$

$$c\times c^3=c^4 \text{ et } c^4\times20a^5b^6=20a^5b^6c^4\,;$$

Enfin, $20a^5b^6c^4\times d=20a^5b^6c^4d.$

Pour multiplier deux polynômes l'un par l'autre, on multiplie tous les termes du multiplicande par chacun des termes du multiplicateur, en appliquant les règles citées.

$$\begin{array}{l}
3a^3-4a^2b+5ab^2-7b^3 \\
2a^2-7ab+3b^2 \\
\hline
6a^5-\ \ 8a^4b+10a^3b^2-14a^2b^3 \\
\qquad -21a^4b+28a^3b^2-35a^2b^3+49ab^4 \\
\qquad\qquad\qquad +\ \ 9a^3b^2-12a^2b^3+15ab^4-21b^5 \\
\hline
6a^5-29a^4b+47a^3b^2-61a^2b^3+64ab^4-21b^5
\end{array}$$

Le terme du produit où une lettre a le plus haut exposant résulte du terme analogue du multiplicande multiplié par le terme analogue du multiplicateur.

En effet, considérons, par exemple, les termes d'un produit par rapport à la lettre a ; or, chaque terme du produit est un terme du multiplicande multiplié par un terme du multiplicateur ; donc, d'après la règle des exposants, l'exposant de a dans chaque terme du produit est la somme d'un exposant de a dans le multiplicande et d'un exposant de a dans le multiplicateur ; donc le plus haut exposant de a dans le produit sera la somme du plus haut exposant de a dans le multiplicateur et du plus haut exposant de a dans le multiplicande ; donc le terme du produit où une lettre a le plus haut exposant résulte du terme du multiplicande où cette lettre a le plus haut exposant, multiplié par le terme du multiplicateur où cette lettre a le plus haut exposant.

Lorsque les facteurs sont composés de termes homogènes, le produit est homogène.

Ordonner une quantité, c'est placer les exposants de la même lettre en décroissant ou en croissant :

$$a^5+a^4b-a^3b^2+a^2b^3-ab^4+b^5\ ;$$

on a l'avantage d'avoir dans les opérations tous les termes semblables de suite.

Un des extrêmes d'une quantité ordonnée renferme le plus grand exposant de la lettre qu'on a considérée, et l'autre renferme la même lettre affectée du plus faible exposant.

Le nombre des termes d'un produit de deux polynômes ne peut être moindre que deux, et il peut égaler le nombre des termes du multiplicande multiplié par celui des termes du multiplicateur.

$$a^5+a^4b+a^3b^2+a^2b^3+ab^4+b^5$$

Multiplié par $a-b$

$$a^6+a^5b+a^4b^2+a^3b^3+a^2b^4+ab^5$$
$$-a^5b-a^4b^2-a^3b^3-a^2b^4-ab^5-b^6$$

$$a^6+a^5b+a^4b^2+a^3b^3+a^2b^4+ab^5-a^5b-a^4b^2-a^3b^3$$
$$-a^2b^4-ab^5-b^6$$

Ce produit a donc douze termes, c'est-à-dire le nombre des termes du multiplicande multiplié par celui des termes du multiplicateur ; mais après la réduction des termes semblables, on n'en a que deux, d'où l'on voit qu'il ne peut y avoir jamais moins que deux termes.

La multiplication algébrique conduit à des résultats qui sont d'un usage fréquent, et que, pour cette raison, nous allons faire connaître.

Effectuons d'abord les trois multiplications suivantes :

$$\begin{array}{l} a+b \\ a-b \\ \hline a^2+ab \\ \quad -ab-b^2 \\ \hline a^2 - b^2 \end{array} \qquad \begin{array}{l} a+b \\ a+b \\ \hline a^2+ ab \\ \quad + ab+b^2 \\ \hline a^2+2ab+b^2 \end{array} \qquad \begin{array}{l} a-b \\ a-b \\ \hline a^2- ab \\ \quad - ab+b^2 \\ \hline a^2-2ab+b^2 \end{array}$$

La première prouve que la somme de deux quantités multipliée par leur différence donne pour produit la différence des carrés de ces mêmes quantités.

La deuxième montre que $(a+b)^2=a^2+2ab+b^2$; c'est-à-dire que le carré de la somme de deux quantités se compose du carré de la première, plus du double produit de la première par la deuxième, plus le carré de la seconde.

La troisième fait voir que le carré de la différence de deux quantités se compose du carré de la première, moins le double produit de la première par la deuxième, plus le carré de la seconde.

Lorsque plusieurs produits ont un facteur commun, on les simplifie en écrivant le facteur commun à la suite des facteurs non communs mis entre parenthèses.

Ainsi, le produit suivant se simplifie de cette manière : $a^2b-2ba+4a^2-2b$. Je prends les termes où a est deux fois facteur : a^2b+4a^2, et j'ai : $(ab+4a)a$, ou encore : $(b+4)a^2$.

Dans une multiplication de termes ainsi simplifiés, on considère comme coefficients du facteur commun, les facteurs non communs mis entre parenthèses.

Si l'on avait cette quantité : a^2b+a^3c ; je remarque que : $a^3c=a^2\times a\times c$; j'ai aussi a^2 dans le premier terme ; ainsi, a^2 est un facteur commun à ces deux termes ; cette expression peut donc se simplifier. Et, en effet, on met : $(b+ac)a^2$; si l'on effectue la multiplication, on aura :

$b \times a^2 = a^2b$ et $a^2 \times ac = a^3c$; ainsi les deux termes $a^2b + a^3c$ se trouveront rétablis.

§ 4.e Division.

La division est une opération par laquelle, connaissant un produit appelé *dividende*, et l'un de ses facteurs nommé *diviseur*, on cherche l'autre appelé *quotient*.

Pour la division des quantités monômes, il y a quatre règles à observer : la règle des signes, celle des coefficients, celle des lettres et celle des exposants.

1.° La règle des signes consiste à donner au quotient le signe $+$, quand le dividende et le diviseur ont des signes semblables ; et le signe $-$, lorsqu'ils ont des signes différents.

En effet, le dividende étant le produit du diviseur par le quotient, le signe du quotient doit être tel que, multiplié par celui du diviseur, il reproduise celui du dividende. Ainsi, quand le dividende aura le signe $+$, le quotient devra avoir le même signe que le diviseur ; et quand le dividende aura le signe $-$, le signe du quotient devra être contraire à celui du diviseur. D'après cette règle :

$$\begin{array}{llll} +ab & : +a & = & +b \\ - & : - & = & + \\ + & : - & = & - \\ - & : + & = & - \end{array}$$

2.° La règle des coefficients consiste à diviser le coefficient du dividende par celui du diviseur, pour avoir le coefficient du quotient.

En effet, puisque le dividende est le produit du diviseur par le quotient, il s'en suit que le coefficient du dividende est aussi le produit du coefficient du diviseur par celui du quotient ; donc pour avoir le coefficient du quotient, il faut diviser le coefficient du dividende par celui du diviseur.

3.° La règle des lettres consiste à supprimer, dans l'exposé du quotient, les lettres communes au dividende et au diviseur, et qui ont le même exposant.

En effet, le dividende étant le produit du diviseur par le quotient, il contient donc les lettres du diviseur et celles du quotient. Ainsi, en supprimant au dividende les lettres qui sont au diviseur, il restera celles du quotient :

$$abcd : bd = ac \text{ ; car } ac \times bd = abcd.$$

4.° La règle des exposants consiste à n'écrire qu'une seule fois chaque lettre comme facteur au quotient, et à lui donner pour exposant son exposant dans le dividende, moins son exposant dans le diviseur.

En effet, le dividende étant le produit du diviseur par le quotient, il suit de la règle des exposants pour la multiplication que l'exposant d'une lettre du dividende est la somme des exposants de la même lettre dans les deux facteurs. Donc, si l'on retranche l'exposant d'une lettre au diviseur de l'exposant de la même lettre au dividende, le reste sera l'exposant de cette lettre au quotient. D'après cette règle : $a^5b^3 : a^3b^2 = a^2b$.

La division peut aussi s'indiquer ainsi : $\dfrac{a^5b^3}{a^3b^2}$

Mais $a^5 = a^3 \times a^2$ et $b^3 = b^2 \times b$;

Et nous avons : $\dfrac{a^3 \times a^2 \times b^2 \times b}{a^3 \times b^2}$;

Or, on ne change pas la valeur d'une fraction en divisant ses deux termes par un même nombre : nous avons a^3 au dénominateur et au numérateur ; b^2 se trouve aussi dans chaque terme; on peut donc supprimer ces deux facteurs communs, et il reste : a^2b; d'où l'on voit que l'exposant 2 est la différence de l'exposant 5 à l'exposant 3.

Tant que l'exposant du diviseur sera moindre que celui du dividende, la règle précédente n'offrira aucune difficulté; mais il peut arriver que l'exposant du diviseur soit égal à celui du dividende ou plus grand que lui.

Supposons d'abord que les exposants soient égaux, on a : $a^2 : a^2$; d'après la règle, le quotient sera a^0, car $2-2=0$; mais $a^2 : a^2=1$; donc toute quantité affectée de l'exposant 0 est égale à l'unité.

Supposons maintenant que l'exposant du diviseur soit plus fort que celui du dividende, on a : $a^3 : a^5$; d'après la règle des exposants, le quotient sera $a^{3-5}=a^{-2}$; l'origine de cet exposant négatif est donc une division où l'exposant du diviseur était plus fort que celui du dividende; mais $a^3 : a^5$ peut s'écrire : $\frac{a^3}{a^5}$; or, a^3, c'est : $a^3 \times 1$; et $a^5=a^2 \times a^3$; ainsi on a : $\frac{a^3 \times 1}{a^3 \times a^2}$. Nous avons un facteur commun a^3 dans les deux termes; on peut le supprimer sans rien changer, et il reste : $\frac{1}{a^2}$. Voilà la valeur de toute lettre affectée d'un exposant négatif; c'est-à-dire qu'elle représente une fraction qui a l'unité pour numérateur, et dont le dénominateur est cette lettre avec l'exposant positif. Ainsi : $a^{-2}=\frac{1}{a^2}$.

Il suit de là que, pour faire passer un facteur du dénominateur dans le numérateur, il suffit de changer le signe de l'exposant de la lettre. Ainsi : $\frac{4a^3b}{c^2}=4a^3bc^{-2}$; et si la lettre n'avait pas d'exposant, on lui supposerait l'exposant 1, et elle aurait — 1 pour exposant dans l'autre terme de la fraction.

Quelquefois le résultat de la division est une expression fractionnaire ; il y a trois cas où il en est ainsi :

1.° Quand les coefficients du dividende ne sont pas divisibles par ceux du diviseur ;

2.° Lorsqu'une lettre du diviseur a un exposant plus fort que dans le dividende ;

3.° Quand le diviseur a certaines lettres qui n'entrent point dans le dividende.

L'exemple suivant renferme les trois cas : $36a^4b^2c$: $21a^2b^4cd$; le résultat sera donc : $\frac{36a^4b^2c}{21a^2b^4cd}$; mais on peut simplifier cette expression en supprimant les facteurs communs ; d'abord 36 et 21 ont 3 pour facteur commun ; $a^4=a^2\times a^2$; c a le même exposant dans le dividende que dans le diviseur, ainsi on peut le supprimer ; enfin $b^4=b^2\times b^2$, et b^2 est facteur commun aux deux termes de la fraction qui se met sous cette forme :

$$\frac{3\times 12\times a^2\times a^2\times b^2\times c}{3\times 7\times a^2\times b^2\times b^2\times c\times d};$$

et supprimant tous les facteurs communs, on a : $\frac{12a^2}{7b^2d}$ pour résultat.

Division des Polynômes.

Pour avoir le quotient de deux polynômes, il faut, après les avoir ordonnés par rapport à une même lettre, diviser le premier terme du dividende par le premier terme du diviseur, comme dans la division des monômes; multiplier ensuite tous les termes du diviseur par le quotient trouvé; soustraire le produit du dividende, et opérer la réduction des termes semblables.

On divise de même le premier terme du reste toujours ordonné par le premier terme du diviseur, et on continue le même procédé dans la division partielle suivante. En effet, le dividende étant le produit du diviseur par le quotient cherché, il s'en suit que le premier terme du dividende ordonné sera le produit du premier terme du diviseur ordonné où la lettre a le plus haut exposant, multiplié par le premier terme du quotient aussi ordonné où cette lettre a le plus haut exposant.

On aura donc le premier terme du quotient en divisant le premier terme du dividende par le premier terme du diviseur, puisqu'alors on divisera un produit par un de ses facteurs.

Mais le dividende étant le résultat d'une multiplication, il représente la somme des produits du diviseur par le quotient; si du dividende on soustrait le produit du diviseur par le premier terme du quotient, le reste sera le produit du diviseur par tous les autres termes du quotient. Or, puisque ce reste est le produit du diviseur par tous les termes du quotient, excepté le premier, on peut donc raisonner sur ce reste comme sur le dividende proposé; et l'on voit qu'en divisant le premier terme de chaque reste ordonné par le premier terme du diviseur, on aura chaque terme du quotient cherché.

En appliquant la règle énoncée précédemment, on divisera facilement les deux polymônes suivants :

$16a^3b^3-37a^6b^4+10a^8b-21a^4b^6+26a^5b^5$,

divisé par $4a^3b^2-7a^2b^3+24a^4b$.

En les ordonnant par rapport à a, il vient :

Dividende : $10a^8b^2+16a^7b^3-37a^6b^4+26a^5b^5-21a^4b^6$
Diviseur : $2a^4b+4a^3b^2-7a^2b^3$

Quotient : $5a^4b-2a^3b^2+3a^2b^3$
$-10a^8b^2-20a^7b^3+35a^6b^4$

1.er reste : $-4a^7b^3-2a^6b^4+26a^5b^5-21a^4b^6$
$+4a^7b^3+8a^6b^4-14a^5b^5$

2.e reste : $+6a^6b^4+12a^5b^5-21a^4b^6$
$-6a^6b^4-12a^5b^5+21a^4b^6$

$0 \quad 0 \quad 0$

On voit que la division ne se peut continuer, quand le dernier terme du quotient, multiplié par le dernier terme du diviseur, ne reproduit point le dernier terme du dividende.

Lorsque le dividende est le produit exact du diviseur par le quotient, l'exposant de la lettre principale du dernier terme du dividende est égal à la somme de l'exposant de la lettre principale du dernier terme du diviseur, et de l'exposant de la lettre principale du dernier terme du quotient. Donc la lettre principale du dernier terme du quotient aura pour exposant la différence qu'il y a entre les exposants des lettres principales des deux autres facteurs.

Soit :

$$\begin{array}{l|l} 1+a & 1-a-a^2 \\ \cline{2-2} -1+a+a^2 & 1+2a \\ \cline{1-1} 2a+a^2 & \end{array}$$

Si cette division doit se faire exactement, l'exposant du dernier terme du quotient sera -1, et, s'il y a un reste après cela, c'est que la division ne peut se faire exactement. Mais je vois que les exposants vont en croissant au quotient, donc la division est impossible, et, dans ce cas, on complète le quotient par une fraction à laquelle on donne le diviseur pour dénominateur et le reste pour numérateur.

CHAPITRE II.

FRACTIONS.

§ 1.er Réductions.

Une fraction est plus grande ou plus petite que l'unité, selon que l'exposant de la même lettre est plus fort ou plus faible au numérateur qu'au dénominateur.

Ainsi : $\frac{a^3-3a^2b-b^3}{a^2-b^2}>1$, et $\frac{a-3b}{a^3-b^3}<1$.

On peut simplifier une fraction en divisant ses deux termes par un même nombre, ou en faisant disparaître les facteurs communs aux deux termes.

Ainsi : $\frac{ab-bc}{a^3-ac^2}=\frac{(a-c)b}{(a^2-c^2)a}=\frac{(a-c)b}{(a+c)(a-c)a}=\frac{b}{(a+c)a}$

Pour réduire plusieurs fractions au même dénominateur, on prend dans le dénominateur tous les facteurs qui ont le plus fort exposant, et on a ainsi un multiple de tous les facteurs ; ensuite on multiplie les deux termes de chaque fraction par le nombre de fois que le dénominateur de chacune est contenu dans le dénominateur commun.

Soit : $\frac{5a}{4b^2c}$ $\frac{3d}{8a^3b}$ $\frac{b}{3c^2}$

Je vois que 24 est multiple de ces coefficients ; ainsi, il sera le coefficient du dénominateur commun ; ensuite je prends les facteurs qui ont le plus haut exposant : a^3, b^2, c^2. Ainsi, le dénominateur commun sera : $24a^3b^2c^2$;

Le dénominateur $4b^2c$ y est contenu $6a^3c$ fois, donc la première fraction sera : $\frac{5a \times 6a^3c}{4b^2c \times 6a^3c} = \frac{30a^4c}{24a^3b^2c^2}$

Le dénominateur $8a^3b$ est contenu $3bc$ fois, donc la deuxième fraction sera : $\frac{3d \times 3bc^2}{8a^3b \times 3bc^2} = \frac{9bc^2d}{24a^3b^2c^2}$

Le dénominateur $3c^2$ est contenu $8a^3b^2$ fois, donc la troisième fraction sera : $\frac{b \times 8a^3b^2}{3c^2 \times 8a^3b^2} = \frac{8a^3b^3}{24a^3b^2c^2}$

Mais si l'on ne trouve pas de multiple, on multiplie tous les dénominateurs l'un par l'autre, et les termes de chaque fraction par les dénominateurs des autres, comme en arithmétique.

Ainsi : $\frac{a}{b}$, $\frac{c}{d}$, $\frac{e}{f}$ $= \frac{adf, \quad bcf, \quad bde}{bdf}$

§ 2.e Addition.

On réduit les fractions au même dénominateur ; on ajoute ensemble tous les numérateurs, et l'on donne pour dénominateur à la somme le dénominateur commun.

Ainsi : $\frac{a}{b} + \frac{c}{d} + \frac{e}{f} = \frac{adf + bcf + bde}{bdf}$

§ 3.e Soustraction.

On réduit les fractions au même dénominateur ; on écrit à la suite des numérateurs du minuande les numérateurs des fractions du minuteur, mais avec des signes contraires ; on fait la réduction des termes semblables, et le reste a pour dénominateur le dénominateur commun.

Soit : $\frac{a+b}{a-b} - \frac{a-b}{a+b}$

Le dénominateur commun sera : $(a-b)\times(a+b)$; c'est-à-dire a^2-b^2 ;

La première fraction ou le minuande sera :

$$\frac{(a+b)\times(a+b)}{(a-b)\quad(a+b)} = \frac{a^2+2ab+b^2}{a^2-b^2};$$

Le minuteur sera :

$$\frac{(a-b)\quad(a-b)}{(a-b)\quad(a+b)} = \frac{a^2-2ab+b^2}{a^2-b^2};$$

Par conséquent on a :

$$\frac{a^2+2ab+b^2}{a^2-b^2} - \frac{a^2-2ab+b^2}{a^2-b^2}.$$

J'écris le numérateur de la fraction minuteur à la suite du numérateur de la fraction minuande, et je donne au résultat le dénominateur commun pour dénominateur :

$$\frac{a^2+2ab+b^2-a^2+2ab-b^2}{a^2-b^2}.$$

Mais ce résultat peut se simplifier ; on a : a^2-a^2 qui se détruisent ; puis b^2-b^2 qui s'annulent ; enfin $2ab+2ab=4ab$; ainsi on a : $\frac{4ab}{a^2-b^2}$.

On peut encore résoudre cette opération ainsi :

Les deux fractions étant réduites au même dénominateur sont :

$$\frac{a^2+2ab+b^2}{a^2-b^2} \text{ et } \frac{a^2-2ab+b^2}{a^2-b^2}.$$

Nous avons vu dans la multiplication que $(a+b)^2$ donne pour résultat le numérateur de la première fraction, et le numérateur de la seconde égale $(a-b)^2$.

On a donc : $\frac{(a+b)^2}{a^2-b^2} - \frac{(a-b)^2}{a^2-b^2}$.

Ce résultat de la soustraction présente la différence de deux carrés ; or, nous savons que cette différence égale le produit de la somme des quantités premières, multipliée par leur différence, de sorte que :

$$\frac{(a+b)^2-(a-b)^2}{a^2-b^2} = \frac{(a+b+a-b)\ (a+b-a+b)}{a^2-b^2}.$$

Dans la première parenthèse, nous avons $+b$ et $-b$ qui s'annulent ; il reste $a+a$ ou $2a$;

Dans la deuxième parenthèse, il y a $+a$ et $-a$ qui se détruisent ; il reste $+b+b$ ou $2b$;

On a donc $2a\times2b=4ab$, et plaçant le dénominateur, on a : $\frac{4ab}{a^2-b^2}$, comme plus haut.

Si on avait un entier et une fraction, on agirait ainsi :

$a - \frac{b}{a-b}$; $a = \frac{a}{1}$;

donc on a : $\frac{a}{1} - \frac{b}{a-b} = \frac{a^2-ab}{a-b} - \frac{b}{a-b} = \frac{a^2-ab-b}{a-b}$.

§ 4.e Multiplication.

On opère comme en arithmétique; on multiplie les numérateurs l'un par l'autre, et de même pour les dénominateurs.

Soit : $\frac{a}{a-b} \times \frac{b}{a+b} \times \frac{c}{a^2+b^2}$.

Si on n'avait que $\frac{a}{a-b} \times \frac{b}{a+b}$, on aurait ab pour numérateur, et a^2-b^2 pour dénominateur; car on a la somme de deux quantités, multipliée par leur différence.

Mais on a encore $\frac{c}{a^2+b^2}$; $\frac{ab}{a^2-b^2} \times \frac{c}{a^2+b^2}$.

Le numérateur sera abc, et le dénominateur sera encore la différence de deux carrés, si l'on considère les dénominateurs primitifs comme des puissances premières, puisqu'on a la somme de deux quantités à multiplier par leur différence.

On a donc enfin : $\frac{abc}{a^4-b^4}$.

Autre exemple d'opération.

$$\frac{6ab}{3c-d} \times \left(\frac{c+d}{4} - \frac{d}{3}\right)$$

$\frac{c+d}{4}$ et $-\frac{d}{3} = \frac{3c+3d-4d}{12}$; $= \frac{3c-d}{12} \times \frac{6ab}{3c-d}$; mais $3c-d$ est facteur commun, je le supprime et j'ai :
$\frac{6ab}{12} = \frac{ab}{2}$.

§ 5.e Division.

On multiplie la fraction dividende par la fraction diviseur renversée.

Ainsi, soit : $\frac{a^2-1}{a^4-b^4} : \frac{a^4+b^4}{a^2+1}$.

L'opération se ramène à celle-ci : $\frac{a^2-1}{a^4-b^4} \times \frac{a^2+1}{a^4+b^4}$.

On a à multiplier la somme de deux quantités par leur différence ; on aura donc au produit la différence des carrés.

Ainsi, le résultat sera : $\frac{a^4-1}{a^8-b^8}$.

CHAPITRE III.

ÉQUATIONS DU PREMIER DEGRÉ.

Équations à une seule inconnue.

Un problème se compose de deux parties ; il faut d'abord, d'après des raisonnements, trouver quelles sont les opérations à faire sur les quantités connues qu'on appelle les données du problème; ensuite il faut exécuter ces opérations.

En Algèbre, la première partie d'un problème revient à établir une égalité dans laquelle il y a une ou plusieurs inconnues : c'est ce qu'on appelle une équation.

Pour mettre un problème en équation, il faut agir comme si la réponse était connue, et vérifier si elle est exacte.

Soit le problème suivant : On donne à un ouvrier 1 franc par jour lorsqu'il travaille; mais chaque jour qu'il se repose, on lui retient 0,50 centimes; au bout de 27 jours, il reçoit 30 francs. Quel est le nombre des jours de travail et celui des jours de repos?

Supposons que nous ayons la réponse, et que le nombre des jours de travail soit x; on lui doit 1 franc $\times\, x$ ou 100 x en réduisant les francs en centimes, et le nombre des jours de repos sera le nombre total 27 — le nombre des jours de travail, c'est-à-dire, $27-x$; et comme on retient 50 centimes par jour de repos, il s'en suit qu'on a retenu $50 \times (27-x)$; ainsi on a donné $100\,x$, puis retenu $50 \times (27-x)$, et l'ouvrier a reçu 30 francs ou 3000 centimes. Donc 100 x qu'on a donnés, moins $50\,(27-x)$, égalent la somme que l'ouvrier a reçue : $100\,x - 50\,(27-x) = 3000$. Voilà le problème mis en équation.

Une équation est donc l'expression de deux quantités égales qui contiennent une ou plusieurs inconnues dont la valeur dépend des quantités connues avec lesquelles elles sont combinées.

Les deux parties de l'équation s'appellent membres, et ils ne sont égaux que pour une valeur particulière donnée à l'inconnue ou aux inconnues, s'il y en a plusieurs.

Si l'on avait, par exemple, une équation telle que celle-ci : $x^2-5x=-6$; et donnant à x la valeur 2, on aurait : $-6=-6$. Cela s'appelle une identité.

Une autre équation ainsi composée :

$$(x-1)^2+2x-2=(x+1)(x-1),$$

s'appelle égalité, parce que les deux membres sont toujours égaux, quelle que soit la valeur donnée à l'inconnue.

Donnons-lui la valeur 2, nous avons : $1+4-2=3$ pour le premier membre ; et pour le second on a : $(2+1)\times(2-1)=3$, donc $3=3$. Voilà une égalité.

On peut démontrer l'égalité sans effectuer les opérations numériques. Ainsi : $(x-1)^2=x^2-2x+1$; ensuite on a : $+2x-2$; donc le premier membre sera : $x^2-2x+1+2x-2$; or $+2x$ et $-2x$ se détruisent ; $+1$ et $-2=-1$; il reste donc x^2-1 pour premier membre. Voyons le deuxième : nous avons $(x+1)(x-1)$; or nous savons que la somme de deux quantités multipliée par différence donne pour produit la différence des carrés. Ainsi le deuxième membre $=x^2-1$; le premier est x^2-1 ; l'équation sera : $x^2-1=x^2-1$.

Une égalité diffère d'une équation en ce que les membres de l'égalité sont toujours égaux, quelle que soit la valeur de l'inconnue, tandis que les membres de l'équation ne sont égaux que pour une certaine valeur donnée à l'inconnue.

Une équation numérique est celle où l'inconnue seule est représentée par une lettre.

Ainsi : $\frac{x}{2}-\frac{3x}{5}+7=\frac{2x}{3}$.

Une équation littérale est celle où les quantités connues sont représentées par des lettres.

$$\frac{3bx}{4a^2}-\frac{c^2x}{2ab^2}+\frac{c}{6b}=\frac{a^2x}{3b^3}-1.$$

Résoudre une équation, c'est trouver le nombre qu'il faut mettre à la place de l'inconnue pour que l'équation devienne une identité, comme plus haut : $-6=-6$.

On appelle degré d'une équation le nombre de facteurs inconnus qui entrent dans le même terme.

Ainsi : $x^2-5=-6$ est une équation du second degré, et $x+y=4$ est une équation du premier degré.

Dans une équation, l'inconnue peut se trouver engagée de quatre manières :

1.° Par addition;

2.° Par soustraction;

3.° Par multiplication;

4.° Par division.

Pour la dégager, on fait une combinaison contraire à celle par laquelle elle est engagée.

EXEMPLE.

1.° $x+5=12$. L'inconnue est engagée par addition. Je retranche la quantité 5 de chaque membre, sans changer l'égalité, et j'ai $x+5-5=12-5$; mais $+5$ et -5 s'annulent dans le premier membre; il reste $x=12-5=7$. Il en est de même pour les lettres $x+a=b$; on déduit $x+a-a=b-a$ et $x=b-a$, d'où l'on conclut, comme règle générale, que, lorsqu'un terme change de membre, il change de signe.

2.° Par soustraction. $x-5=3$. Je fais une combinaison contraire à celle qui engage l'inconnue $x-5+5=3+5$, d'où $x=3+5$, d'où l'on voit que 5 est passé dans le second membre avec un signe contraire à celui qu'il avait dans le premier ; au premier coup d'œil, on pourrait dire : puisque $x-5=3$, $3+5$ doit égaler x ; car, pour avoir 3, il faut retrancher 5 de x ; donc, pour avoir x, il faut ajouter 5 à 3.

3.° Par multiplication. $3x=15$. Je fais encore une combinaison contraire à celle qui engage l'inconnue, c'est-à-dire j'opère une division $\frac{3x}{3}=\frac{15}{3}$, et on en déduit $x=\frac{15}{3}=5$; et en effet, puisque $3x$ font 15, il est clair que x fera le tiers de 15 ou 5 ; on pourrait donc dire de suite que $3x=15$ signifie que $x=\frac{15}{3}$, en faisant passer 3 dans le second membre, avec un signe contraire à celui qu'il avait dans le premier.

4.° Par division. $\frac{x}{3}=7$. On peut d'abord dire que x est le dividende, 3 le diviseur, et 7 le quotient ; or, le dividende n'est autre chose que le diviseur multiplié par le quotient ; donc $x=7\times3=21$; mais nous pouvons faire une combinaison contraire à celle qui engage l'inconnue, c'est-à-dire une multiplication, on a $\frac{3x}{3}=7\times3$; or, $x\times3$ et divisé par 3, c'est x ; il reste donc $x=7\times3=21$.

Ces différents calculs s'appellent transformation ; ils se réduisent à ces deux opérations :

1.° Transposer les termes ;

2.° Faire disparaître les dénominateurs.

La transposition des termes consiste à passer tous les termes où se trouve l'inconnue dans le premier membre, et les termes connus dans le second ; toutefois, avec l'attention de changer les signes des termes qui changent de membre ; par exemple, si l'on a l'équation $7x-5=12+4x$, en transposant les termes, on en déduit $7x-4x=12+5$, et l'égalité n'est pas détruite. En effet, en supprimant $4x$ dans le second membre, et en écrivant $-4x$ dans le premier, on diminue donc deux quantités égales d'une même quantité $4x$; les deux restes sont donc encore égaux ; et de même pour -5. On voit donc que la transposition des termes ne détruit pas l'égalité, et que, par suite, elle ne change pas la valeur de l'inconnue.

Pour faire disparaître les dénominateurs, il suffit de réduire tous les termes des deux membres à un même dénominateur commun, et de négliger d'écrire ce dénominateur commun ; car alors on multiplie tous les termes par un même nombre, et l'égalité existe toujours.

Au moyen de la transposition des termes et de la disparition des dénominateurs, il est facile de résoudre une équation du premier degré à une inconnue.

Problème.

On demandait à Pythagore combien il avait d'élèves ; il répondit ainsi :

La $\frac{1}{2}$ étudie l'arithmétique ; le $\frac{1}{3}$ la géométrie, le $\frac{1}{7}$ la physique, et, de plus, il y a une femme. Quel est le nombre de disciples ?

Supposons que ce nombre soit x ; la $\frac{1}{2}$ sera $\frac{1}{2}\times x$ ou $\frac{x}{2}$; le $\frac{1}{3}$ sera $\frac{x}{3}$; le $\frac{1}{7}$ sera $\frac{x}{7}$; enfin $+1$; le nombre total est $\frac{x}{2}+\frac{x}{3}+\frac{x}{7}+1$; ainsi x, nombre de disciples, $=\frac{x}{2}+\frac{x}{3}+\frac{x}{7}+1$; on a donc cette équation :

$$x=\frac{x}{2}+\frac{x}{3}+\frac{x}{7}+1.$$

Je supprime les dénominateurs ; pour cela, je prends le dénominateur commun 42, et multipliant les termes des deux membres par ce nombre, j'ai $42x=21x+14x+6x+42$; or, $21x+14x+6x=41x$, d'où $42x=41x+42$; je transpose les termes et j'ai $42x-41x=42$; or, $42x-41x=x$; donc $x=42$; et en effet, la $\frac{1}{2}$ de $42=21$, le $\frac{1}{3}=14$, le $\frac{1}{7}=6$, et enfin une femme ; on a $21+14+6+1=42$.

On peut déduire des raisonnements et des exemples précédents la règle suivante :

Pour résoudre une équation du premier degré à une inconnue, il faut : 1.° effectuer toutes les opérations indiquées ; 2.° faire disparaître tous les dénominateurs, lorsqu'il s'en trouve, par la méthode expliquée ; 3.° transposer dans le premier membre les termes dont l'inconnue fait partie, et dans le second les termes qui en sont indépendants ; 4.° mettre le premier membre sous la forme d'un produit dont l'inconnue soit l'un des facteurs, et diviser le second membre de l'équation par l'autre facteur qui est le coefficient de l'inconnue.

Problèmes.

PROBLÈME I. — Une personne change des pièces de 2 francs contre des pièces de 5 francs, et se trouve avoir, après cet échange, 102 pièces de moins.

Quelle somme possède-t-elle ?

Soit x cette somme exprimée en francs ; elle renferme

$\frac{x}{2}$ pièces de 2 francs et $\frac{x}{5}$ pièces de 5 francs; or, la différence entre ces deux nombres est 102.

Donc : $\frac{x}{2} - \frac{x}{5} = 102$.

Équation qui fournit :

Première transformation : $5x—x2=1020$.
Deuxième transformation : elle est effectuée.
Troisième transformation : $3x=1020$.
Quatrième transformation : $x=340$.
Cette personne a donc 340 francs.

PROBLÈME II. — Quel âge avons-nous l'un et l'autre, demande un fils à son père ?

Le père répond : votre âge est actuellement le 1/3 du mien ; il y a 6 ans qu'il en était le 1/4. Déterminer l'âge de chacun ?

Soit x l'âge actuel du fils ; celui du père est $3x$; il y a 6 ans, le fils avait $x—6$ et le père $3x—6$; mais à cette époque, l'âge du fils était le 1/4 de celui du père, donc : $x—6=\frac{3x—6}{4}$; d'où $4x—24=3x—6$; d'où $4x—3x=24—6$; d'où $x=18$.

Le fils a donc 18 ans, et le père 3.18 ou 54 ans.

PROBLÈME III. — Une personne charitable rencontre des pauvres, et veut donner à chacun 4 fr. ; mais il lui manque 5 fr. ; elle donne alors 3 fr. à chaque pauvre ; il lui reste 2 fr. On demande combien il y avait de pauvres, et combien cette personne possédait ?

On peut prendre pour inconnue le nombre des pauvres ou celui des francs :

1.° Soit x le nombre des pauvres; si chacun recevait 4 fr., les x pauvres recevraient $4x$ fr.; mais il manque 5 fr. pour que cette distribution soit possible; donc le nombre des francs est exprimé par $4x-5$.

Actuellement chaque pauvre recevant 3 fr., les x pauvres reçoivent $3x$ fr., et puisqu'il reste 2 fr., le nombre des francs est aussi exprimé par $3x+2$; égalant les expressions $4x-5$, $3x+2$, qui désignent une même quantité, il vient $4x-5=3x+2$, d'où l'on tire $4x-3x=2+5$, $x=7$.

Il y avait donc 7 pauvres, et cette personne possédait 23 fr., puisque $4x-5=4\times7-5=23$.

2.° Soit maintenant y le nombre de francs; si cette personne avait 5 fr. de plus, c'est-à-dire $(y+5)$, elle pourrait donner à chaque pauvre 4 fr.; donc le nombre des pauvres est $\frac{y+5}{4}$; si elle avait 2 fr. de moins, ou $(y-2)$, il ne lui resterait rien après avoir donné 3 fr. à chacun d'eux; donc le même nombre est aussi représenté par $\frac{y-2}{3}$; de là résulte l'équation $\frac{y+5}{4}=\frac{y-2}{3}$; d'où l'on tire $3y+15=4y-8$; d'où $3y-4y=-8-15$; d'où $-y=-23$; d'où $y=23$.

On trouve donc, comme précédemment, que cette personne possédait 23 fr., et qu'il y avait 7 pauvres; car $\frac{y+5}{4}=\frac{23+5}{4}=\frac{28}{4}=7$.

PROBLÈME IV. — Un avare range ses écus par piles de 11 écus, et il lui en reste 1; il forme alors des piles de 13 écus, et il lui en reste 9; mais il a deux piles de moins. Combien a-t-il d'écus?

Soit x le nombre des écus de l'avare; $\frac{x-1}{11}$ exprime le nombre des piles de 11 écus, et $\frac{x-9}{13}$ celui des piles de 13 écus; or, le premier nombre doit surpasser le second de 2; donc : $\frac{x-1}{11}=\frac{x-9}{13}+2$;

d'où l'on tire $13x-13=11x-99+286$;

d'où $13x-11x=13-99+286$;

d'où $2x=200$; d'où $x=100$.

L'avare a donc 100 écus.

Problème V. — Un particulier a 354 fr. dont il retire 20 fr. d'intérêt, en faisant valoir une partie au 5 p. 0/0, et l'autre au 7 p. 0/0. Quelles sont ces deux parties?

Soit x la première partie, l'autre sera $354-x$; les sommes x et $354-x$ renferment $\frac{x}{100}$ et $\frac{354-x}{100}$ centaines de francs, et conséquemment placées au 5 et au 7 p. 0/0, elles rapportent annuellement, l'une $\frac{5x}{100}$, et l'autre $7\frac{(354-x)}{100}$; en ajoutant l'intérêt de ces deux sommes, on doit retrouver l'intérêt total; donc : $\frac{5x}{100}+7\frac{(354-x)}{100}=20$;

d'où l'on tire $5x+2478-7x=2000$;

d'où $5x-7x=2000-2478$;

d'où $-2x=-478$;

d'où $x=239$.

Ainsi, la première partie est 239, et l'autre 354—239 ou 115 fr.

Problème. VI. — On donne à un ouvrier 1 fr. 75 c.

par jour lorsqu'il travaille ; mais lorsqu'il se repose, on lui retient 0 fr. 80 c. pour sa nourriture. Au bout de 27 jours, il reçoit 31 fr. 95 c. pour solde de son compte. On demande le nombre des jours de travail et le nombre des jours de repos ?

Si l'on désigne par x le nombre des jours de travail, le nombre des jours de repos sera $27-x$; l'ouvrier aura gagné $1,75 \times x$ fr., sur lesquels on doit lui retenir pour sa nourriture $0,80\ (27-x)$ fr. ; égalant donc la différence de ces deux expressions à la somme de 31 fr. 95 c. qu'il reçoit, il vient $1,75x-0,80\ (27-x)=31,95$; et en multipliant par 100 pour faire disparaître les fractions décimales : $175x-80\ (27-x)=3195$, ou $175x-2160+80x=3195$; d'où l'on tire $175x+80x=3195+2160$; d'où $255x=5355$; d'où $x=21$.

L'ouvrier a donc travaillé pendant 21 jours, et s'est reposé pendant 27—21 ou 6 jours.

Problème VII. — Un général veut disposer un régiment composé de 1164 hommes en bataillon carré à centre vide, de manière qu'il y ait trois rangs sur chaque côté. Combien doit-il mettre d'hommes au premier rang ?

Soit x ce nombre ; si le bataillon était à centre plein, il se composerait de x^2 hommes ; mais puisqu'il n'y a que trois rangs sur chaque côté, il faut retrancher de x^2 le nombre $(x-6)^2$ qui représente un bataillon carré à centre plein, sur le côté duquel il y aurait $x-6$ hommes ; l'équation du problème sera donc $x^2-(x-6)^2=1164$, et développant le carré de $x-6$, il vient $x^2-x^2+12x-36=1164$, ou $12x-36=1164$; d'où l'on tire $x=100$.

Ce général doit donc mettre 100 hommes au premier rang.

Problème VIII. — Un jardinier avait planté des ar-

4

bres à tous les sommets d'un polygone régulier dont le contour est de a mètres ; mécontent de cette disposition, il les arrache et les replante à égale distance les uns des autres sur une ligne droite longue de 6 mètres. On demande combien il y avait d'arbres, sachant que l'intervalle qui sépare deux arbres consécutifs est le même dans les deux dispositions ?

Soit x ce nombre d'arbres ; puisque le contour du polygone régulier est de a mètres, la longueur de chaque côté, et parconséquent la distance de deux arbres consécutifs égale $\frac{a}{x}$; maintenant, lorsque les arbres sont plantés sur une ligne droite de 6 mètres de longueur, il n'y a plus que $x-1$ intervalles, et chacun d'eux égale $\frac{b}{x-1}$; mais la distance qui sépare deux arbres consécutifs est, d'après l'énoncé, la même dans les deux dispositions ; donc : $\frac{a}{x}=\frac{b}{x-1}$; d'où $ax-a=bx$; d'où $ax-bx=a$; d'où $(a-b)x=a$; d'où $x=\frac{a}{a-b}$.

Posant $a=100$ et $b=98$, on trouve $x=50$ arbres.

Problème IX. — Un chasseur promet à un autre de lui donner a fr. toutes les fois qu'il manquera une pièce de gibier, et cet autre s'engage à son tour à lui payer b fr. quand il l'atteindra ; après c coups, ils ne se doivent rien. Combien y a-t-il eu de coups justes et de coups manqués ?

Soit x le nombre de coups justes, celui des coups manqués sera $c-x$; le premier chasseur paiera au second $a(c-x)$ fr. et en recevra bx fr. ; mais, d'après l'énoncé, ces deux sommes sont égales ; donc : $bx=a(c-x)$ ou

$bx=ac-ax$; d'où $x=\frac{ac}{a+b}$ et $c-x=\frac{bc}{a+b}$.

Posant $a=5$, $b=3$, $c=20$, on trouve que le nombre des coups justes est 12 1/2, et que 7 1/2 est celui des coups manqués. Un nombre de coups de fusils ne pouvant être fractionnaire, cette circonstance rend le problème insoluble.

Problème X. — Un fantassin se rendant à sa garnison, calcule que s'il fait a lieues par jour, il arrivera b jours après l'époque qui lui est fixée, et que s'il fait c lieues par jour, il arrivera d jours trop tôt. Combien doit-il faire de lieues pour arriver à sa destination ?

Soit x ce nombre de lieues ; si le fantassin fait a lieues par jour, il lui faut $\frac{x}{a}$ jours pour faire sa route ; mais, puisqu'alors il est en retard de b jours, il suit que $\frac{x}{a}-b$ est le nombre de jours qu'on lui a accordé. On trouve, par un raisonnement semblable, que ce nombre de jours peut aussi être représenté par $\frac{x}{c}+d$;

de là résulte $\frac{x}{a}-b=\frac{x}{c}+d$; équation qui, étant résolue, donne $x=\frac{ac(b+d)}{c-a}$.

Problème XI. — Trois fontaines remplissent : la première, un bassin de a litres en l heures ; la deuxième, un bassin de b litres en m heures ; la troisième, un bassin de c litres en n heures. En combien d'heures ces trois fontaines, coulant ensemble, rempliront-elles un bassin de d litres ?

Puisque les trois fontaines remplissent des bassins de a, b, c litres en l, m, n heures, elles fournissent respectivement en une heure $\frac{a}{l}$, $\frac{b}{m}$, $\frac{c}{n}$ litres.

Cela posé, désignons par x le nombre d'heures cherchées; dans ce temps les trois fontaines verseront dans le quatrième bassin $\frac{ax}{l}+\frac{bx}{m}+\frac{cx}{n}$ litres; et, comme alors il doit être rempli, nous aurons $\frac{ax}{l}+\frac{bx}{m}+\frac{cx}{n}=d$;

équation d'où l'on tire : $x=\frac{lmnd}{mna+lnb+lmc}$.

Problème XII. — Une armée ayant été défaite, le 1/4 est resté sur le champ de bataille, les 2/5 ont été faits prisonniers, et 14,000 hommes, qui étaient le reste de l'armée, ont pris la fuite. De combien d'hommes l'armée était-elle composée avant la bataille?

Réponse. $x=40{,}000$ hommes.

Problème XIII. — Trois oncles rassemblés pour l'établissement d'une pauvre nièce, forment une bourse commune de 1440 fr. Le premier donne ce qu'il peut, le deuxième donne trois fois autant que le premier, le troisième autant que les deux autres. On demande ce que chacun a fourni?

Le premier a donné 180 fr.
Le deuxième...... 540 —
Le troisième...... 720 —
} 1440 fr.

Problème XIV. — Une personne engage un domestique pour un an, et lui promet pour salaire 144 fr. et un habit de livrée. Au bout de 7 mois, le domestique sort, reçoit 54 fr. et garde son habit ; c'était ce qui lui revenait. A combien l'habit est-il estimé ?

Réponse. $x=72$ fr.

PROBLÈME XV. — Une personne ayant doublé au jeu l'argent qu'elle possédait, donne 100 fr. aux pauvres ; le lendemain, ayant triplé ce qui lui restait, elle leur donne 200 fr. ; le surlendemain, ayant quadruplé ce qui lui restait, elle leur donne 300 fr. ; et il lui reste ce qu'elle avait avant de jouer. Quelle est cette somme ?

Réponse. $x=100$ fr.

PROBLÈME XVI. — Un homme est sorti de chez lui avec un certain nombre de louis, pour faire des emplettes. A la première, il dépense la moitié de ses louis et la moitié d'un ; à la deuxième, il dépense la moitié de ce qui lui reste et la moitié d'un louis ; à la troisième, pareillement. Il rentre chez lui ayant tout dépensé. Quelle est la dépense totale ?

Réponse. $x=7$ louis.

PROBLÈME XVII. — Diophante passa dans sa jeunesse le sixième du temps qu'il vécut, un douzième dans l'adolescence ; ensuite il se maria et passa dans cette union le septième de sa vie augmenté de 5 ans avant d'avoir un fils auquel il survécut de 4 ans et qui n'atteignit que la moitié de l'âge de son père. Quel âge avait Diophante quand il mourut ?

Réponse. 84 ans.

CHAPITRE IV.

ÉQUATIONS A PLUSIEURS INCONNUES.

§ I.er — *Équations à deux inconnues.*

Une équation du premier degré à deux inconnues est susceptible d'une infinité de solutions.

Soit $y=5x-3$: à chaque valeur arbitraire donnée à x correspond pour y une valeur qui n'est plus arbitraire, mais qui dépend de celle donnée à x.

Si je donne à x la valeur 1, j'ai $y=5-3=2$.

Si je donne à x la valeur 2, j'ai $y=10-3=7$.

Ces opérations s'appellent résolutions de l'équation ; ainsi, un problème qui conduit à une équation à deux inconnues est indéterminé, c'est-à-dire qu'on peut donner à l'inconnue telle valeur qu'on voudra.

Mais si l'on avait deux équations à deux inconnues, on ne pourrait pas agir de même.

Soit : $2x+9y=51$,

$7x-6=3y$;

Les deux inconnues ont la même valeur dans les deux équations.

Supposons que $x=5$, on a pour la première :

$10+9y=51$; d'où $9y=41$; d'où $y=\frac{41}{9}$;

Et pour la deuxième équation, on aurait :

$7x-6=3\left(\frac{41}{9}\right)$; d'où x égalant 5, on a $35-6=41$ et $41=3\left(\frac{41}{9}\right)$, ce qui est faux ; d'où l'on voit qu'on ne peut donner une valeur arbitraire aux inconnues.

Donc, lorsqu'on a deux équations où les inconnues ont la même valeur, on combine ces équations pour n'en faire qu'une qui exprime ce que les deux renferment ; et dans cette nouvelle équation, il n'y a qu'une seule inconnue. Cette opération s'appelle élimination.

Il y a trois méthodes d'élimination :

1.° Par comparaison ;
2.° Par substitution ;
3.° Par addition et par soustraction.

1.° *Par comparaison.* — On prend dans chacune des équations données la valeur d'une même inconnue, en regardant l'autre comme connue, puis on égale ces deux valeurs ; de là résulte une équation du premier degré à une seule inconnue, qu'il est facile de résoudre. Cela fait, on détermine l'inconnue éliminée en substituant, dans l'une des expressions qui la représentent, la valeur trouvée pour l'autre inconnue.

Appliquons cette règle aux deux équations $2x+9y=51$, $7x-6=3y$; on tire de la première $x=\frac{51-9y}{2}$, et de la seconde $x=\frac{3y+6}{7}$; égalant ces deux valeurs de x, il vient $\frac{51-9y}{2}=\frac{3y+6}{7}$, équation du premier degré à une seule inconnue y, d'où l'on déduit aisément $y=5$; substituant

5 à y dans l'expression $x=\frac{51-9y}{2}$, on trouve : $x=\frac{51-9\times5}{2}=3$. On parvient à la même valeur de x, en faisant la substitution dans l'expression $x=\frac{3y+6}{7}$.

Les équations données sont donc satisfaites par $x=3$ et $y=5$; en mettant 3 et 5 à la place de x et de y, elles deviennent effectivement $(2\times3)+(9\times5)=51$ ou $51=51$, $7\times3-6=3.5$ ou $15=15$.

2.° *Par substitution.* — On tire de l'une des équations la valeur d'une inconnue en fonction de l'autre, c'est-à-dire de laquelle l'autre dépend.

Ainsi, dans les équations précédentes, nous avons vu que $y=\frac{7x-6}{3}$; et les deux équations suivantes :

$$7x-6=3y,$$
$$9y=51-2x,$$

se ramènent à celle-ci : $2x+9\left(\frac{7x-6}{3}\right)=51$.

Pour faire disparaître le dénominateur, nous aurons :

$$6x+63x-54=153;$$

d'où $69x=153+54=207$;

d'où $x=\frac{207}{69}=3$.

Ensuite nous substituons la valeur de x à cette inconnue dans l'une des équations.

Ainsi, $7x-6=3y$ devient $21-6=3y$;

d'où l'on tire $y=\frac{21-6}{3}=5$.

3.° *Par addition et par soustraction.* — Il faut d'abord rendre semblables les coefficients de la même inconnue qu'on veut éliminer dans chaque équation ; c'est ce que l'on fait en multipliant les termes de la première équation par le coefficient de l'inconnue à éliminer de la seconde, et réciproquement ; ensuite on retranche ou on ajoute les équations, selon que les inconnues à éliminer ont des signes semblables ou contraires.

Ainsi, si l'on a :

$$7y-3x=2y-10x+27,$$
$$y-2x=10-2y,$$

je fais passer dans le premier membre tous les termes où se trouvent les inconnues, en plaçant x la première,

$$-3x+10x+7y-2y=27,$$
$$\text{ou } 7x+5y=27,$$
$$\text{et } -2x+3y=10;$$

je multiplie donc les termes de la première équation par 3, coefficient de y que je veux éliminer, et je multiplie les termes de la seconde équation par 5, coefficient de y dans la première équation, et j'ai :

$$21x+15y=81,$$
$$-10x+15y=50;$$

je soustrais la deuxième équation de la première, afin de faire disparaître l'inconnue y, et j'ai :

$$21x+15y+10x-15y=81-50;$$

or, $+15y$ et $-15y$ s'annulent ; il reste donc $31x=31$; d'où $x=1$.

Maintenant que $x=1$, $7x=7$, et j'ai cette équation :

$7+5y=27$, ou $5y=27-7$, d'où $y=\frac{20}{5}=4$.

Si les inconnues n'avaient pas le même signe, on ferait une addition.

Éliminons l'inconnue x ; d'après le principe nous avons :

$$14x+10y=54,$$
$$-14x+21y=70;$$

en additionnant, on a $14x-14x+10y+21y=54+70$; or, $+14x$ et $-14x$ s'annulent; il reste $31y=124$; d'où $y=4$.

Cette troisième méthode d'élimination est sans contredit celle qui conduit ordinairement aux calculs les moins compliqués; c'est aussi celle qui est le plus en usage. Elle peut encore être simplifiée dans un grand nombre de cas, comme on le verra dans la suite.

Lorsque les coefficients de l'inconnue à éliminer ne sont pas premiers entre eux, on divise ces coefficients par leur plus grand commun diviseur, puis on multiplie la première équation par le second quotient, et la seconde par le premier; on opère ensuite comme on l'a dit précédemment.

Soit, pour fixer les idées à cet égard, les équations :

$$21x-45y=10;\ 28x+54y=13;$$

si l'on cherche le plus grand commun diviseur entre les coefficients 45 et 54 de l'inconnue y qu'il s'agit d'éliminer, on trouve 9 pour résultat; divisant donc 45 et 54 par 9, puis multipliant la première équation par le second quotient 6, et la seconde par le premier 5, il vient :

$$126x-270y=60,$$
$$140x+270y=65;$$

Et en ajoutant ces nouvelles équations,

$$126x+140x=60+65,\ \text{ou}\ 266x=125;$$

$$\text{d'où}\ x=\frac{125}{266}.$$

Pour éliminer x, remarquons que 21 et 28, coefficients de cette inconnue dans les équations, divisés par leur plus grand commun diviseur 7, donnent pour quotients 3 et 4; il faut donc multiplier la première par 4 et la seconde par 3, ce qui donne : $84x-180y=40$, $84x+162y=39$;

Et en retranchant,

$$162y+180y=39-40\text{, ou } 342y=-1\text{;}$$

$$\text{d'où } y=-\frac{1}{342}.$$

Deux inconnues ne peuvent satisfaire à plus de deux équations; car les valeurs des inconnues x et y, tirées de deux équations données, ne peuvent généralement en vérifier d'autres qui n'ont pas participé à leur détermination.

Ainsi, soit donné les trois équations à deux inconnues;

$$x+y=10,\ x-y=6,\ 3x=2y;$$

on tire des deux premières : $x=8$, $y=2$.

Substituons ces valeurs dans la troisième, on trouve : $3.8=2.2$, ou $24=4$. Équation visiblement absurde.

Le système des trois équations proposées est donc impossible.

Un pareil système d'équations devient cependant *possible*, lorsqu'une des équations est une conséquence des deux autres.

C'est ce qui arrive dans le cas suivant :

$x+y=10$, $x-y=6$, $5x+y=42$, qui est complètement vérifié par $x=8$, $y=2$. Si l'on multiplie les deux premières équations par 3 et par 2, et si l'on ajoute les équations résultantes, $3x+3y=30$, $2x-2y=12$, on déduit la troisième, $5x+y=42$.

§ II. — *Équations à trois et un plus grand nombre d'inconnues.*

Il faut trois équations pour déterminer trois inconnues; car si l'on en avait seulement deux, on pourrait prendre arbitrairement l'une des inconnues et déterminer les deux autres au moyen des équations données ; il y aurait donc une infinité de solutions.

Pour résoudre trois équations du premier degré à trois inconnues, on élimine la même inconnue entre l'une d'elles et chacune des deux autres; de là résultent deux équations du premier degré à deux inconnues ; on détermine ces dernières et l'on substitue leurs valeurs dans l'une des équations, afin d'en déduire la troisième inconnue.

Soit à résoudre les trois équations :

$$2x+5y-3z=10,$$
$$4x-2y+5z=37,$$
$$7x+3y-6z=-6;$$

Éliminons d'abord z entre la première et la deuxième équation ; pour cela, il faut les multiplier respectivement par 5 et par 3, ce qui donne :

$$10x+25y-15z=50,\ 12x-6y+15z=111,$$

et en ajoutant ces dernières :

$$22x+19y=161\ (d);$$

éliminant z par le même procédé entre la première et la troisième des équations données, on trouve :

$$3x-7y=-26\ (e);$$

or, des équations (d) et (e), qui ne contiennent que x et y, on tire $x=3$ et $y=5$; et en substituant ces valeurs dans la première des équations données, il vient :

$$6+25-3z=10\text{ ; d'où } z=7.$$

Soit à résoudre les quatre équations :

$$3x+2y-z-u=0,$$
$$2x-y+z+3u=15,$$
$$x+5y-7z+u=20,$$
$$x-3y-5z-u=6;$$

éliminant d'abord u entre la première et les trois autres, en faisant usage du troisième procédé d'élimination, il vient :

$$11x+5y-2z=15\,,$$
$$4x+7y-8z=20\,,$$
$$2x+5y+4z=-6\,;$$

éliminant actuellement z entre la première de ces nouvelles équations et les deux autres, il vient :

$$40x+13y=40\,,$$
$$24x+15y=24\,;$$

éliminant enfin y entre les deux dernières, on obtient :

$$288x=288\,,\ \text{d'où}\ x=1\,;$$

substituant $x=1$ dans l'une des équations, on trouve $y=0$; substituant $x=1$ et $y=0$ dans les équations précédentes, on trouve $z=-2$; substituant enfin $x=1$, $y=0$, $z=-2$ dans l'une des premières équations, on trouve $u=5$.

Lorsque quelques-unes des équations données ne renferment pas à la fois toutes les inconnues, ou bien lorsqu'il existe entre les coefficients de ces dernières des rapports simples, l'élimination peut se faire quelquefois plus rapidement; les procédés particuliers que l'on emploie alors varient d'après la nature des équations et ne peuvent s'acquérir que par l'habitude. Voici un exemple qui réunit ces deux cas.

Soit à résoudre les quatre équations :

$$x+y+z=a\,,$$
$$x+y+u=b\,,$$
$$x+z+u=c\,,$$
$$y+z+u=d\,,$$

on obtient, en ajoutant les trois premières,

$$3x+2(y+z+u)=a+b+c\,,$$

ou bien, en remplaçant $y+z+u$ par leur valeur d, on a :

$$3x+2d=a+b+c;$$

$$\text{d'où } x=\frac{a+b+c-2d}{3}.$$

Au moyen de trois opérations tout-à-fait semblables, on trouve :

$$y=\frac{a+b+d-2c}{3};\ z=\frac{a+c+d-2b}{3};$$

$$u=\frac{b+c+d-2a}{3}.$$

De ce qui précède, on conclut la règle suivante :

En général, pour résoudre m équations du premier degré à m inconnues, on élimine successivement la même inconnue entre l'une des équations données et les $m-1$ autres ; de là résultent $m-1$ équations du premier degré à $m-1$ inconnues ; éliminant une nouvelle inconnue entre l'une de ces dernières équations et les $m-2$ autres, on obtient $m-2$ équations à $m-2$ inconnues, et ainsi de suite, jusqu'à ce que l'on parvienne à une équation qui ne renferme plus qu'une inconnue.

Tirant alors la valeur de cette dernière, on la substitue dans l'une des deux équations qui n'ont que deux inconnues, et on obtient la valeur d'une deuxième inconnue ; substituant de nouveau les valeurs des deux inconnues déterminées, dans l'une des trois équations qui renferment trois inconnues, on trouve la valeur d'une troisième inconnue, et ainsi de suite, jusqu'à ce que l'on ait déterminé les m inconnues.

PROBLÈMES NUMÉRIQUES.

PROBLÈME XVIII. — Un particulier qui n'a que des pièces de 5 fr. et de 2 fr., veut payer 53 fr. en 16 pièces.

Combien doit-il donner de pièces de 5 fr. et de pièces de 2 fr. ?

Soit x le nombre des pièces de 5 fr. et y celui des pièces de 2 fr., l'énoncé fournit :

$$x+y=16 \text{ ; } 5x+2y=53.$$

De la première équation, on tire $y=16-x$, et en substituant cette valeur de y dans la seconde, on trouve $5x+2(16-x)=53$, ou $5x+32-2x=53$, d'où l'on déduit aisément $x=7$; portant ce résultat dans l'expression $y=16-x$, on a $y=9$.

Ce particulier doit donc donner 7 pièces de 5 fr. et 9 pièces de 2 francs.

Problème XIX. — Deux frères dissipent, l'un les 3/7 de son bien, et l'autre les 2/5 du sien ; la différence de leurs dépenses est 237 fr., et la somme de ce qui leur reste est 2220 fr. Quels étaient leurs biens ?

Représentons par x et y les biens cherchés, $3/7\ x$, $2/5\ y$ expriment les dépenses des deux frères, et parconséquent $4/7\ x$, $3/5\ y$ expriment ce qui leur reste ; nous aurons donc $3/7x-2/5y=237$;

$$4/7x+3/5y=2220 \text{ ;}$$

et en chassant les dénominateurs,

$$15x-14y=8295,$$
$$20x+21y=77700 \text{ ;}$$

ajoutant d'abord ces équations, après avoir multiplié la première par 3 et la seconde par 2, qui sont les quotients de la division des coefficients de y par leur facteur commun 7, il vient :

$$85x=180285, \text{ d'où } x=2121.$$

Retranchons maintenant la première de la seconde, après les avoir multipliées respectivement par 4 et par 3, qui sont les quotients de la division des coefficients de x par leur facteur commun 5, nous aurons :

$$119y=199920\text{, d'où } y=1680.$$

Le bien du premier était donc 2121 fr., et celui du second 1680 fr.

Problème XX. — Plusieurs personnes jouent ensemble et conviennent que l'enjeu sera 1 fr. Le jeu étant terminé, deux joueurs se retirent, l'un avec un gain de 39 fr. et l'autre avec une perte de 1 fr. Le premier se rappelle avoir gagné 10 parties et le second 2. Combien y avait-il de joueurs et combien ont-ils joué de parties?

Soit x le nombre des joueurs et y celui des parties jouées; il est clair que chaque joueur débourse autant de fr. que l'on joue de parties, c'est-à-dire y fr., et que celui qui gagne une partie retire autant de fr. qu'il y a de joueurs, ou x fr. Cela posé, le gain du joueur qui gagne 10 parties est représenté par $10x-y$, et $y-2x$ désigne la perte de celui qui n'en a gagné que 2; on a donc :

$$10x-y=39\text{ , } y-2x=1\text{ ,}$$

d'où l'on déduit :

$$y=10x-39\text{ , } y=2x+1\text{ ,}$$

et par suite,

$$10x-39=2x+1\text{ , d'où } x=5\text{ ;}$$

substituant $x=5$ dans $y=2x+1$, on trouve $y=11$.

Il y avait donc 5 joueurs, et ils ont fait 11 parties.

Les valeurs $x=5$ et $y=1$ vérifient les équations du problème, sans satisfaire à son énoncé; en effet, puisque le premier joueur a gagné 10 parties et le second 2, le nombre des parties jouées ne peut être plus petit que 12 et ne peut donc égaler 11. Ce problème est donc insoluble.

PROBLÈME XXI. — Le bronze se compose de 11/111 d'étain et de 100/111 de cuivre; le métal de cloche de 11/50 d'étain et de 39/50 de cuivre ; le métal de tam-tam de 1/5 d'étain et de 4/5 de cuivre. Dans quelle proportion faut-il allier le bronze et le métal de cloche, pour faire 10 kilog. de tam-tam?

Désignons par x et y les poids cherchés de bronze et de métal de cloche, nous aurons d'abord $x+y=10$; il est d'ailleurs visible que x kilog. de bronze, y kilog. de métal de cloche et 10 kilog. de tam-tam renferment respectivement $\frac{11x}{111}$, $\frac{11y}{50}$, $\frac{10}{5}$, ou 2 kilog. d'étain; de là résulte la seconde équation :

$$\frac{11x}{111}+\frac{11y}{50}=2, \text{ ou } 550x+1221y=11100.$$

Résolvant les deux équations précédentes, on trouve :

$x=1$ kilog. 654, $y=8$ kilog. 346, à 0,001 près.

PROBLÈME XXII. — Un marchand vend : 1.° 16 bouteilles de vin de Champagne, 7 de vin de Bourgogne et 10 de vin d'Arbois, pour 80 fr. ; 2.° 8 bouteilles de vin de Champagne, 9 de vin de Bourgogne et 5 de vin d'Arbois, pour 51 fr. ; 3.° 6 bouteilles de vin de Champagne, 3 de vin de Bourgogne et 2 de vin d'Arbois, pour 29 fr. Combien coûte une bouteille de chaque espèce de vin.

Soit x, y, z les prix respectifs d'une bouteille de vin de Champagne, de vin de Bourgogne et de vin d'Arbois, nous formerons immédiatement les trois équations suivantes :

$$16x+7y+10z=80,$$
$$8x+9y+5z=51,$$
$$6x+3y+2z=29.$$

Pour éliminer z, il suffit de retrancher successivement

les deux dernières de la première, après les avoir multipliées par 2 et par 5, ce qui donne :

$$-11y-22,$$
$$-14x-8y=-65.$$

L'une de celles-ci fournit $y=2$, et en substituant dans l'autre, on trouve $x=3{,}50$; portant ces valeurs de x et de y dans l'une des équations initiales, on en déduit $z=1$.

Ainsi, la bouteille de vin de Champagne coûte 3 fr. 50; celle de vin de Bourgogne, 2 fr., et celle de vin d'Arbois, 1 fr.

Problème XXIII. — Le gouverneur d'une place assiégée se trouve à la tête de trois détachements : l'un de grenadiers, l'autre de voltigeurs, et le troisième de fusiliers. Il veut faire une sortie avec un seul détachement, et, pour encourager sa troupe, il promet une récompense de 2703 fr. qui sera distribuée sur le pied suivant : chaque homme du détachement qui donnera recevra 3 fr., et ce qui restera de la somme sera également partagé entre les hommes des deux autres détachements; or, il arrive que, suivant que les grenadiers, les voltigeurs ou les fusiliers sortent de la place, les soldats des deux autres détachements reçoivent 1 fr., 1 fr. 50 ou 0 fr. 75. De combien d'hommes chaque détachement était-il composé?

Représentons par x le nombre des grenadiers, par y celui des voltigeurs, et enfin par z celui des fusiliers; lorsque les grenadiers sortent, ils ont 3 fr. chacun, et les autres reçoivent chacun 1 fr.; alors on a :

$$3x+y+z=2703.$$

Quand les voltigeurs sortent, ils reçoivent chacun 3 fr., et les autres ont 1 fr. 50; ainsi, l'équation est :

$$3y+1{,}50.x+1{,}50.z=2703.$$

Lorsque les fusiliers sortent, ils reçoivent chacun 3 fr., et les autres 0 fr. 75; on a donc :

$$3z+0,75.x+0,75.y=2703.$$

Multiplions la seconde équation par 2/3 et la troisième par 4/3, afin de chasser les fractions décimales et de simplifier; ce système d'équations devient :

$$3x+y+z=2703,$$
$$2y+x+z=1802,$$
$$4z+x+y=3604;$$

éliminant successivement z entre la première et les deux autres, il vient :

$$2x-y=901,\ 11x+3y=7208;$$

éliminant y entre ces nouvelles équations, on trouve :

$$17x=9911,\ \text{d'où}\ x=583;$$

et, substituant cette valeur dans l'une d'elles, $y=265$; portant enfin $x=583$, $y=265$ dans l'une des premières équations, on en conclut $z=689$.

Il y avait donc 583 grenadiers, 265 voltigeurs et 689 fusiliers.

EXERCICES.

Problème XXIV. — On a payé 9547 fr. pour la rançon de 22 militaires, tant officiers que sous-officiers, à raison de 750 fr. par chaque officier et de 341 fr. par chaque sous-officier. Combien y avait-il d'officiers et de sous-officiers?

Réponse. Il y avait 5 officiers et 17 sous-officiers.

Problème XXV. — Deux joueurs étant d'inégale force, le plus fort joue 5 fr. contre 3 fr. Après 13 parties, le plus faible doit au plus fort 31 fr. Combien chacun a-t-il gagné de parties?

Réponse. Le plus fort a gagné 12 parties, et le plus faible une.

Problème XXVI. — Pierre et Paul ont chacun un certain nombre d'écus. Si Pierre donne un de ses écus à Paul, ils en ont autant l'un que l'autre ; mais si Paul donne un des siens à Pierre, ce dernier en a deux fois plus que lui. Combien Pierre et Paul ont-ils d'écus?

Réponse. Pierre a 7 écus et Paul 5.

Problème XXVII. — Un marchand n'a que deux espèces de vin, l'un à 13 sous le litre et l'autre à 7 sous. Comment doit-il les mélanger pour faire 24 litres de vin à 9 sous le litre?

Réponse. Ce mélange doit être composé de 8 litres du vin à 13 sous, et de 16 litres de celui à 7 sous.

Problème XXVIII. — Une personne ayant prêté 522 fr. et 451 fr. à deux taux différents, retire annuellement de la première somme 18 fr. 50 c. de plus que de la seconde; si elle eût placé la seconde au même taux que la première, et la première au même taux que la seconde, cette dernière lui rapporterait 10 fr. 69 c. de plus que l'autre. Quels sont ces deux taux?

Réponse. Le premier taux est 7 fr., et le second 4 fr.

Problème XXIX. — On a trois lingots dans chacun desquels il entre de l'or, de l'argent et du cuivre. L'alliage du premier est tel, que sur 16 onces, il y en a 7 d'or, 8 d'argent et 1 de cuivre; dans le second, sur 16 onces, il y en a 5 d'or, 7 d'argent et 4 de cuivre; dans le troisième, sur 16 onces, il y en a 2 d'or, 9 d'argent et 5 de cuivre. On demande ce qu'il faut prendre de chacun de ces trois lingots pour en former un quatrième qui, sur 16 onces, contienne 4 onces 15/16 d'or, 7 onces 10/16 d'argent, et 3 onces 7/16 de cuivre?

Réponse. Pour former 16 onces du quatrième lingot, il faut prendre 4 onces du premier, 9 du second et 3 du troisième.

PROBLÈME. XXX. — Une troupe de comédiens donne dans une ville trois représentations, dont les recettes s'élèvent respectivement à 294 fr., 226 fr. 05 c., et 247 fr. 95 c. A la première représentation, il y avait 100 personnes aux premières places, 55 aux secondes et 64 au parterre; à la deuxième, 61 personnes aux premières, 70 aux secondes et 43 au parterre; enfin à la troisième, 30 personnes aux premières, 111 aux secondes et 81 au parterre. Quels sont les prix de chaque espèce de place?

Réponse. Ces prix sont 1 fr. 80 c., 1 fr. 20 c. et 0 fr. 75 c.

PROBLÈME XXXI. — Trois personnes jouent ensemble; dans la première partie, le premier joueur perd avec chacun des deux autres autant que chacun avait d'argent; dans la seconde partie, c'est au second joueur que chacun des deux autres gagne autant qu'ils ont déjà d'argent; dans la troisième partie, le premier et le second joueur gagnent chacun au troisième autant d'argent qu'ils en ont. Ils cessent alors de jouer et se retirent chacun avec 48 fr. Combien chacun avait-il en entrant au jeu?

Réponse. Le premier avait 78 fr., le second 42 fr. et le troisième 24 fr.

PROBLÈME XXXII. — Un nombre est tel que la somme des quatre chiffres dont il est composé est 17; si l'on supprime successivement le premier, le deuxième et le troisième chiffre à droite, et si l'on retranche les trois nombres ainsi formés du premier, les restes sont : 6358, 6360, 6300. Quel est ce nombre?

Réponse. Ce nombre est 7064.

Problème XXXIII. — Deux personnes ont fait en commun une dépense de 81 fr. Il manque à la première, pour payer cette somme, les 2/3 de l'argent de la seconde, et il manque à celle-ci les 3/5 de l'argent de la première. Quel est l'avoir de chacun?

Réponse. La première a 45 fr. et la seconde 54 fr.

Problème XXXIV. — La poudre à canon est composée de salpêtre, de soufre et de charbon. Le mélange est tel que, sur 100 kilog., le triple du salpêtre employé se trouve égaler 13 fois celui du charbon, plus 5 fois celui du soufre, et que 5 fois le poids du salpêtre vaut 37 fois le poids du soufre moins 7 fois celui du charbon. On demande la proportion du mélange?

Réponse. Sur 100 kilog. de poudre, il y a 75 kilog. de salpêtre et 12 kilog. 5 tant de soufre que de charbon.

Problème XXXV. — Un homme qui s'est chargé de transporter des vases de porcelaine de trois grandeurs, est convenu de payer pour chaque vase qu'il cassera autant qu'il recevra pour chaque vase rendu en bon état. On lui donne d'abord 2 petits vases, 4 moyens et 9 grands; il casse les moyens, rend les autres en bon état, et reçoit 28 fr.; on lui donne ensuite 7 petits vases, 3 moyens et 5 grands; cette fois il casse les grands, et reçoit seulement 3 fr.; enfin on lui remet 9 petits vases, 10 moyens et 11 grands; il casse tous ces derniers, et ne reçoit que 4 fr. Quel est le prix du transport d'un vase de chaque grandeur?

Réponse. Le prix est 2 fr. pour les petits, 3 fr. pour les moyens et 4 fr. pour les grands.

Problème XXXVI. — Deux hommes ayant à partager 210 fr. se querellent, et chacun prend ce qu'il peut; à la fin, ils se raccomodent et consentent à être également partagés; alors le premier rend au deuxième le tiers de ce qu'il a pris et reçoit le cinquième de l'argent pris par le deuxième; et le deuxième rend au premier le cinquième de ce qu'il a pris et reçoit le tiers de ce qu'avait pris le premier; ils sont également partagés. Combien chacun avait-il pris?

Réponse. Le premier avait pris 135 fr. et le deuxième 75 fr.

CHAPITRE V.

DISCUSSION DES PROBLÈMES.

§ I.er — *Considérations générales.*

Nous avons eu occasion de remarquer que les valeurs des inconnues tirées des équations d'un problème ne convenaient pas toujours à son énoncé; cette circonstance s'explique aisément.

En effet, si, dans une équation, on impose à l'une des inconnues la condition d'être ou positive, ou entière, ou plus grande, ou plus petite qu'une autre, aucune de ces conditions ne pouvant être traduite algébriquement, il s'en suit que les équations du problème ne sont qu'une expression incomplète de son énoncé.

De là nous posons en principe : les valeurs des inconnues tirées des équations d'un problème ne vérifient généralement que les conditions qui y sont exprimées.

§ II. — *Solutions négatives.*

Lorsque l'une ou quelques-unes des inconnues d'un problème du premier degré ont des valeurs négatives, on peut en conclure que l'énoncé est vicieux ; il se présente alors deux cas : ces inconnues sont ou ne sont pas susceptibles d'être interprétées dans des sens différents.

Dans le premier cas, il est possible de rectifier l'énoncé en donnant à ces inconnues des acceptions contraires à celles qu'elles avaient d'abord, et leurs valeurs primitives, abstraction faite des signes, répondent au nouvel énoncé ; dans le deuxième cas, il est impossible de rectifier l'énoncé, et la question est tout-à-fait insoluble.

Voici un exemple du premier cas.

PROBLÈME XXXVII. — Un père a 51 ans et son fils 27. Dans combien d'années l'âge du père sera-t-il le double de celui du fils ?

L'équation se présente sous cette forme : soit x nombre d'années,

$$x+51=(x+27)\times 2\text{, d'où } 54+2x=51+x\text{,}$$
$$\text{d'où } x=-3\text{;}$$

Or, comme un nombre d'années ne peut être négatif, il y a donc un vice dans l'énoncé ; c'est-à-dire que ce nombre d'années est écoulé déjà.

Rectifions l'énoncé en disant : un père a 51 ans et son fils 27 ; combien y a-t-il d'années que l'âge du père était le double de celui du fils ?

Ici l'inconnue a une acception contraire ; il s'agit du passé au lieu du futur ;

on a : $51-x=(27-x)2$, d'où $51-x=54-2x$, ou $54-2x=51-x$, d'où $x=3$.

Donc il y a 3 ans que la chose existait. On peut remarquer de l'application de ce principe que la nouvelle valeur est la même que la primitive, abstraction faite du signe.

Voici un exemple qui offre plusieurs cas :

PROBLÈME XXXVIII. — Deux joueurs possèdent, l'un a fr., l'autre b fr. Quelle somme le premier doit-il gagner sur le second pour que leurs biens respectifs soient entre eux comme $m:n$?

Soit x la somme à gagner, on a :

$$a+x:b-x::m:n,$$

d'où $(a+x)n=(b-x)m$,

d'où $na+nx=mb-mx$,

d'où $nx+mx=mb-na$,

d'où $(n+m)x=mb-na$;

et $x=\dfrac{mb-na}{n+m}$;

Dans ce cas, il faut que mb soit plus grand que na, pour que la réponse soit positive ; si cela est, on a : $mb>na$, et divisant chaque terme de l'inégalité par b, on a : $m>\frac{na}{b}$; divisant ces deux termes par n, on a : $\frac{m}{n}>\frac{a}{b}$; d'où $\frac{a}{b}$ doit augmenter pour égaler $\frac{m}{n}$; c'est-à-dire que le premier joueur doit gagner. Alors cette valeur première est bonne.

Si au contraire $mb=na$, il s'en suit que $x=0$; car faisant les mêmes divisions que plus haut, on a successivement $m=\frac{an}{b}$; $\frac{m}{n}=\frac{a}{b}$; c'est-à-dire que les deux rapports sont égaux; donc le joueur ne doit rien gagner; donc $x=0$.

Enfin si $mb<na$, on a encore, par les mêmes divisions, $m<\frac{an}{b}$; $\frac{m}{n}<\frac{a}{b}$; d'où $\frac{a}{b}$, rapport des deux sommes, est plus grand que $\frac{m}{n}$; pour l'égaler, il faut donc que le premier joueur perde, ce qui est contraire à l'énoncé; cette circonstance dénote un vice : ici encore on peut le corriger en disant :

Deux joueurs possèdent, l'un a fr., l'autre b fr. Quelle somme le premier doit-il perdre avec le deuxième, pour que leurs biens soient entre eux comme $m:n$?

Alors on aurait : $a-x:b+x::m:n$,
d'où $(a-x)n=(b+x)m$, d'où on tire : $an-nx=bm+mx$,
d'où $an-mb=(m+n)x$, d'où $x=\frac{an-mb}{m+n}$.

Cette valeur est positive, puisque an est plus grand que mb, d'après notre supposition, et elle est la même que la première, abstraction faite du signe.

Mais voici un exemple où l'on ne peut rectifier l'énoncé :

PROBLÈME XXXIX. — A la suite d'une inondation, il est tombé dans un même jour la moitié des maisons d'une ville; le lendemain, le tiers; le surlendemain, le quart; et il en reste 51. Combien y en avait-il ?

Soit x le nombre, on a : $x=\frac{x}{2}+\frac{x}{3}+\frac{x}{4}+51$,
d'où l'on tire : $12x=6x+4x+3x+612$,
d'où $-x=612$, ou $x=-612$.

Ici encore l'énoncé est vicieux; mais comme un certain nombre de maisons ne peut être pris dans une acception opposée, il s'en suit qu'il est impossible de rectifier l'énoncé, et la question est insoluble.

CHAPITRE VI.

DISCUSSION GÉNÉRALE DE L'ÉQUATION DU PREMIER DEGRÉ.

§ I.er — *Équation à une seule inconnue.*

Toute équation du premier degré à une seule inconnue se ramène à cette forme :

$$ax=b.$$

Désignant par a le coefficient de l'inconnue, et par b la quantité toute connue,

$$\text{d'où } x=\frac{b}{a};$$

Supposons qu'on ait les deux valeurs x', x'' pour valeur de l'inconnue, on aurait $ax'=b$, puis $ax''=b$; et, combinant ces deux équations,

$$ax'=b,$$
$$ax''=b,$$

il vient $a(x'-x'')=b-b$ ou 0; or 0 est un produit, et tout produit nul ne peut venir que d'un facteur nul ou de deux facteurs également nuls; donc x' et x'' ne sont pas les valeurs de l'inconnue, puisque, multipliées par a, elles donnent 0.

Mais dans la formule, il se présente trois cas :

1.er cas. Si a n'est pas nul, la valeur de l'inconnue est finie, positive ou négative, selon que a et b sont de même signe ou de signe contraire; si $b=0$; $x=\frac{0}{a}=0$.

Dans ce premier cas, l'équation $ax=b$ est proprement dite, car x ne peut être vérifié que par une seule valeur.

2.e cas. Si $a=0$, on a $x=\frac{b}{0}=\infty$; la valeur de x est infinie; l'équation $0x=b$, qui résulte de la supposition, est impossible; car quel que soit le nombre substitué à x, le premier membre dont la valeur $=0$ ne peut être égal au second membre qui est un nombre déterminé.

Il est à remarquer que de l'équation $0x=b$, on tire : $0=\frac{b}{x}$, et à mesure que x croît, le second membre $\frac{b}{x}$ décroît, et il est toujours possible d'attribuer à x une valeur tellement grande, que cette fraction $\frac{b}{x}$ devienne plus petite que toute quantité imaginable *(car à mesure qu'un dénominateur augmente, la fraction devient de plus en plus petite)*; mais l'équation $0x=b$ n'est complétement satisfaite que par une quantité surpassant toute quantité imaginable qu'on attribuerait à x, et alors on a :

$$0=\frac{b}{\infty}, \text{ ou } 0=0.$$

L'équation $0x=b$ n'est donc pas résoluble en nombre fini.

3.e cas. Si $a=0$ et $b=0$, la formule $x=\frac{b}{a}$ devient $x=\frac{0}{0}$; la valeur de l'inconnue est indéterminée; l'équation $ax=b$

devenant en même temps $0x=0$ est identique; car elle est vérifiée, quelle que soit la valeur attribuée à x.

On peut conclure de cette discussion que, suivant que la valeur de x est finie, infinie ou indéterminée, l'équation $ax=b$ est *proprement dite*, *impossible* ou *identique*, et réciproquement.

En effet, dans les trois suppositions, on a :

1.re $ax=b$ (*proprement dite*).
2.e $0x=b$ (*impossible*).
3.e $0x=0$ (*identique*).

Et l'on en retire successivement :

1.re $x=\frac{a}{b}$ (*finie*).

2.e $x=\frac{b}{0}$ (*infinie*).

3.e $x=\frac{0}{0}$ (*indéterminée*).

Mais il est bon de remarquer que l'expression $\frac{0}{0}$ n'est pas toujours le symbôle de l'indétermination; elle peut, à la suite d'une hypothèse, prendre une valeur finie ou indiquer une impossibilité.

Prenons l'équation suivante :

$$ax+b^2=bx+a^2,$$

$$\text{d'où } x=\frac{a^2-b^2}{a-b}.$$

Supposons que $a=b$, l'équation sera :

$$x=\frac{a^2-a^2}{a-a};$$

$$\text{et } a^2-a^2=0;\ a-a=0;\ \text{donc } x=\frac{0}{0}.$$

La valeur de x est cependant finie dans cette hypothèse ; car avant de faire $a=b$, remarquons que l'expression a^2-b^2 peut s'écrire $(a+b)\ (a-b)$; et on a :

$$x=\frac{(a+b)\ (a-b)}{a-b} \text{ ou } x=a+b.$$

Faisant alors $a=b$, l'équation devient $x=a+a$ ou $2a$; donc le symbôle $\frac{0}{0}=2a$; donc cette expression $\frac{0}{0}$ n'est pas toujours le signe de l'indétermination.

Voici un autre exemple :

$$\text{Soit } a^2x+b^2x+b^3=2abx+a^3,$$

$$\text{d'où } x=\frac{a^3-b^3}{a^2+b^2-2ab};$$

posant $a=b$, nous aurons :

$$x=\frac{a^3-a^3}{a^2+a^2-2a^2} \text{ ou } x=\frac{0}{0}.$$

Cependant ici la valeur de x est infinie et non indéterminée ; en effet, avant de dire $a=b$, nous avons :

$$x=\frac{(a-b)\ (a^2+ab+b)^2}{(a-b)^2}$$

$$\text{ou } x=\frac{a^2+ab+b^2}{a-b};$$

et si l'on fait alors $a=b$, on a :

$$x=\frac{a^2+a^2+a^2}{a-a} \text{ ou } x=\frac{3a^2}{0}; \text{ et on a : } \frac{0}{0}=\infty ;$$

car de même que plus un dénominateur est grand, plus la fraction est petite ; de même aussi, plus le dénominateur est petit, plus la fraction est grande ; par conséquent $x=$ une valeur infinie, au-dessus de toute quantité imaginable ; car quel que soit le nombre que l'on mette à la place de x, on ne pourra jamais égaler le deuxième membre, puisqu'un nombre fini, imaginable, multiplié par 0, égalera toujours 0.

Il suit de là que, si les valeurs générales se présentent sous la forme $\frac{0}{0}$, le seul moyen de connaître exactement les particularités qu'elles peuvent présenter, c'est de résoudre directement les équations qui leur ont fait donner cette forme.

§ II. — *Équations à deux inconnues.*

Toute équation du premier degré à deux inconnues se présente sous cette forme :

$$ax+by=c.$$

Prenons deux équations pour les résoudre, et nous verrons la formule que prend l'équation à deux inconnues.

$$\text{Soit } ax+by=c,$$
$$a'x+b'y=c';$$

par l'élimination on a d'abord :

$$aa'x+ba'y=ca',$$
$$aa'x+ab'y=ac',$$

et ensuite il vient :

$$ab'y-ba'y=ac'-ca';$$
$$\text{d'où } (ab'-ba')\,y=ac'-ca';$$
$$\text{d'où } y=\frac{ac'-ca'}{ab'-ba'};$$

faisant la même opération pour x,

$$\text{on a : } x=\frac{cb'-bc'}{ab'-ba'}.$$

On voit que le dénominateur est le même pour les deux valeurs.

Mais voici l'observation que présente cette formule :

Le dénominateur n'est autre chose que les coefficients des inconnues, et le numérateur se déduit en remplaçant le coefficient de l'inconnue qu'on veut connaître par la valeur toute connue qu'on accentue de la même manière que le coefficient.

Ainsi le coefficient de x est a; je remplace a par c, valeur connue, et j'ai pour numérateur $cb'—bc'$. Il en est de même pour y.

Pour former le dénominateur, on prend les coefficients qu'on permute de toutes les manières possibles en les séparant par les signes $+$ et $—$ successivement, et en accentuant la deuxième lettre, puis la troisième, etc. Ici on a : $ab—ba$, et accentuant $ab'—ba'$, la lettre qui occupe la première place dans le premier terme, occupe la deuxième dans le deuxième terme, et ainsi pour plusieurs lettres.

Voici un exemple compliqué où l'expérience fera voir cette règle.

Soit les trois équations :

$$ax+by+cz=d,$$
$$a'x+b'y+c'z=d',$$
$$a''x+b''y+c''z=d'';$$

je combine la première successivement avec la deuxième et la troisième, et j'ai pour premier résultat :

$$(ac'-ca')x+(bc'-cb')y=dc'-cd';$$

pour deuxième :

$$(ac''-ca'')x+(bc''-cb'')y=dc''-cd'';$$

je combine ces deux équations, et en éliminant y, il vient pour résultat :

$$[(ac'-ca')(bc''-cb'')-(ac''-ca'')(bc'-cb')]\,x=$$
$$(dc'-cd')(bc''-cb'')-(dc''-cd'')(bc'-cb');$$

j'effectue ces multiplications, d'abord celles des coefficients de x :

$$1.^{re} \quad \begin{array}{r} ac'-ca' \\ bc''-cb'' \\ \hline abc'c''-bca'c'' \\ -acc'b''+c^2a'b'' \\ \hline abc'c''-bca'c''-acc'b''+c^2a'b'' \end{array}$$

$$2.^e \quad \begin{array}{r} ac''-ca'' \\ bc'-cb' \\ \hline abc'c''-bcc'a'' \\ -acb'c''+c^2b'a'' \\ \hline abc'c''-bcc'a''-acb'c''+c^2b'a'' \end{array}$$

Nous savons que le second produit doit être retranché du premier, et le reste sera le coefficient de x. Voici la soustraction à faire :

$$(abc'c''-bca'c''-acc'b''+c^2a'b'')$$
$$-(abc'c''-bcc'a''-acb'c''+c^2b'a'')$$

D'après les règles de la soustraction, on obtient pour résultat le coefficient de x qui devient :

$$(abc'c''-bca'c''-acc'b''+c^2a'b''-abc'c''+bcc'a''+acb'c''-c^2b'a'');$$

le premier et le cinquième termes se détruisent ; puis dans les autres termes il y a le facteur c qui est commun ; je le mets en évidence, et le premier membre de l'équation devient ainsi :

$$c(-ba'c''-ac'b''+ca'b''+bc'a''+ab'c''-cb'a'')x.$$

Maintenant j'effectue les multiplications du second membre :

1.re $dc'-cd'$
$bc''-cb''$

$bdc'c''-bcd'c''$
$-cdc'b''+c^2d'b''$

$bdc'c''-bcd'c''-cdc'b''+c^2d'b''$

2.e $dc''-cd''$
$bc'-cb'$

$bdc'c''-bcc'd''$
$-cdb'c''+c^2b'd''$

$bdc'c''-bcc'd''-cdb'c''+c^2b'd''$

Nous savons encore que le second produit doit être retranché du premier. On a donc cette soustraction à faire :

$$(bdc'c''-bcd'c''-cdc'b''+c^2d'b'')$$
$$-(bdc'c''-bcc'd''-cdb'c''+c^2b'd'');$$

le résultat sera :

$$bdc'c''-bcd'c''-cdc'b''+c^2d'b''-bdc'c''+bcc'd''+cdb'c''$$
$$-c^2b'd'';$$

il y a encore le premier et le cinquième terme qui s'annulent, puis les autres termes ont un facteur commun c; par conséquent le second membre de l'équation devient :

$$c(-bd'c''-dc'b''+cd'b''+bc'd''+db'c''-cb'd'');$$

maintenant les deux membres de l'équation ont un facteur commun c; on peut le supprimer et l'équation devient :

$$(-ba'c''-ac'b''+ca'b''+bc'a''+ab'c''-cb'a'')x=$$
$$-bd'c''-dc'b''+cd'b''+bc'd''+db'c''-cb'd'';$$

d'où x égale :

$$x=\frac{-bd'c''-dc'b''+cd'b''+bc'd''+db'c''-cb'd''}{-ba'c''-ac'b''+ca'b''+bc'a''+ab'c''-cb'a''};$$

on peut intervertir l'ordre des facteurs sans changer la valeur, ainsi :

$$x=\frac{db'c''-dc'b''+cd'b''-bd'c''+bc'd''-cb'd''}{ab'c''-ac'b''+ca'b''-ba'c''+bc'a''-cb'a''};$$

ce dénominateur est commun aux valeurs des trois inconnues; pour avoir le numérateur il faut remplacer le coefficient de l'inconnue par la quantité connue, en la plaçant de la même manière que le coefficient et en l'accentuant aussi de même. Ainsi le coefficient de x étant a, et la valeur connue d, on a pour le numérateur celui qui est ci-dessus, et pour y, dont le coefficient est b, on aura :

$$ad'c''-ac'd''+ca'd''-da'c''+dc'a''-cd'a'';$$

pour z, dont le coefficient est c :

$$ab'd''-ad'b''+da'b''-ba'd''+bd'a''-db'a''.$$

Remarque. Toutes ces combinaisons du dénominateur sont basées sur la combinaison toute simple de $ab-ba$; si l'on a trois lettres au lieu de deux, on place successivement cette troisième lettre au troisième rang, au deuxième et au premier, et de même si on en a plus de trois. Ainsi pour abc, on a : $ab-ba$, et plaçant c la troisième, la deuxième et la première, il vient : abc, acb, cab, voilà pour ab; et pour ba on a : bac, bca, cab; plaçant ensuite les signes + et — alternativement, et accentuant la deuxième lettre d'un accent et la troisième de deux, on a enfin pour dénominateur :

$$ab'c''-ac'b''+ca'b''-ba'c''+bc'a''-cb'a'';$$

ensuite on remplace les coefficients par les quantités connues, et on a les numérateurs.

§ III. — *Problème des courriers.*

d

R' A B R

Deux courriers partent en même temps des points A et B, distants de d lieues ; le premier fait a lieues en une heure ; le deuxième b lieues. A quelle distance des points A et B se rencontreront-ils, et après combien d'heures ?

Il se présente deux cas : ou ils vont dans le même sens, ou ils vont l'un contre l'autre.

1.er cas. Soit R le point de rencontre, je représente les distances A R et B R par x et y, et j'ai $x-y=d$; ensuite, comme x fait a lieues en une heure, il sera $\frac{x}{a}$ heures pour parcourir le chemin qu'il doit faire ; et y sera $\frac{y}{b}$ heures pour faire aussi la route qu'il a à parcourir, de sorte que lorsqu'ils se rencontreront ils auront marché pendant le même nombre d'heures ; on a donc ces deux équations :

$$x-y=d,\ \frac{x}{a}=\frac{y}{b};$$

d'où l'on tire $x=\frac{ay}{b}$, et pour la première équation il vient $\frac{ay}{b}-y=d$; d'où $ay-by=bd$; d'où $(a-b)\,y=bd$; d'où $y=\frac{bd}{a-b}$; transportant cette valeur, on a : $x-\frac{bd}{a-b}=d$; d'où l'on tire $(a-b)x-bd=(a-b)d$; d'où il vient $(a-b)x=(a-b)d+bd$; d'où enfin $x=\frac{(a-b)d+bd}{a-b}=\frac{ad-bd+bd}{a-b}$; et on tire, en dernier lieu, $x=\frac{ad}{a-b}$;

Maintenant, pour avoir le nombre d'heures écoulées avant la rencontre, il faut diviser les espaces parcourus par le nombre de lieues que fait chaque courrier en une heure. Ainsi, $\frac{ad}{a-b} : a$ et $\frac{bd}{a-b} : b$; d'où $x=\frac{d}{a-b}$ heures, et y a employé $=\frac{d}{a-b}$ heures; d'où l'on voit que le nombre d'heures est le même.

Si, au lieu d'aller vers R, ils allaient tous les deux vers R′, il suffirait de changer dans les valeurs les signes des quantités qui ont changé d'acception; c'est-à-dire de b et de y; car b se trouve alors le dernier courrier.

2.e cas. Ils vont dans un sens opposé: x va contre y, et y va contre x.

d

A R″ B

Ils se rencontreront au point R″; alors on aura AR″+BR″ $=d$, ou $x+y=d$, ensuite on a $\frac{x}{a}=\frac{y}{b}$ pour les heures que chacun emploie à parcourir sa route; de cette équation on tire $x=\frac{ay}{b}$; de la première on tire $x=d-y$; alors, par comparaison, on a cette équation: $\frac{ay}{b}=d-y$, d'où l'on tire: $ay=bd-by$, d'où $ay+by=bd$, d'où $(a+b)\ y=bd$, d'où $y=\frac{bd}{a+b}$; transportant cette valeur, il vient: $x+\frac{bd}{a+b}=d$, d'où l'on tire $(a+b)\ x+bd=(a+b)d$; ensuite on déduit $(a+b)x=(a+b)\ d-bd$; enfin, $(a+b)\ x=ad+bd$ $-bd$; $x=\frac{ad}{a+b}$.

Ainsi, ces formules sont les mêmes, au signe près,

que les précédentes, et voilà la distance qu'ils ont à parcourir. Pour avoir le nombre d'heures écoulées avant la rencontre, il suffit de diviser $\frac{ad}{a+b}$ par a et $\frac{bd}{a+b}$ par b, et il vient : $x=\frac{d}{a+b}$ et $y=\frac{d}{a+b}$, et ces nombres sont encore égaux.

Trois cas se présentent naturellement dans la discussion des formules : $x=\frac{ad}{a-b}$ et $y=\frac{bd}{a-b}$:

1.° $a>b$;
2.° $a=b$;
3.° $a<b$;

Ou, en d'autres termes, le premier courrier va plus vite que le second, ou aussi vite, ou moins vite.

1.° $a>b$, le problème sera résolu dans le sens de son énoncé; on conçoit, en effet, que la vitesse du premier courrier étant plus grande que celle du second, la distance qui les sépare décroît à mesure que le temps s'écoule, et qu'enfin elle doit finir par s'annuler.

Si $d=0$, les formules deviennent $x=0$, $y=0$; les courriers se rencontrent donc au point de départ, ce qui d'ailleurs est évident.

2.° $a=b$, les formules fournissent $x=\frac{ad}{0}$, $y=\frac{bd}{0}$; pour interpréter ces résultats, remarquons que les fractions $\frac{ad}{a-b}$ et $\frac{bd}{a-b}$ qui expriment les distances du point de départ au point de rencontre, deviennent de plus en plus grandes à mesure que la différence des vitesses $a-b$ approche de 0; enfin, lorsque $a-b=0$, ou, ce qui est la même chose, lorsque $a=b$, c'est-à-dire que les vitesses sont égales, les valeurs des fractions ci-dessus surpassent toute quantité imaginable, elles deviennent infinies; c'est ce que nous avons vu lorsque le dénominateur égale 0, comme ici.

Les expressions $x=\infty$, $y=\infty$, indiquent que les courriers se rencontrent après avoir parcouru des espaces infinis, ou mieux, qu'ils ne peuvent jamais se rencontrer; le problème est donc impossible.

Il est visible, en effet, que les deux courriers allant dans le même sens et également vite, conservent toujours entre eux leur distance initiale et ne peuvent se joindre. Ils sont absolument dans le même cas que la grande et la petite roue d'une voiture en mouvement.

Supposons qu'on ait à la fois $a=b$, $d=0$, les formules $x=\frac{ad}{a-b}$, $y=\frac{bd}{a-b}$ donnent $x=\frac{0}{0}$, $y=\frac{0}{0}$.

Or, le quotient de zéro divisé par zéro est un nombre arbitraire. Les courriers se rencontrant après avoir parcouru des espaces quelconques sont toujours ensemble, et par conséquent le problème est indéterminé; il est manifeste que cela doit être ainsi, puisqu'ils partent du même point et qu'ils se dirigent dans le même sens avec des vitesses égales.

3.° $a<b$, le dénominateur $a-b$ étant négatif, les valeur de x et de y le sont aussi, et cette circonstance indique un vice dans l'énoncé. Les courriers ne sauraient effectivement se rencontrer, puisque le premier marchant plus vite que le second, leur distance croît à chaque instant, au lieu de diminuer; pour rectifier l'énoncé, il suffit de supposer que les courriers se dirigent vers le point R', comme nous avons vu, de sorte que le courrier qui va le plus vite, court après celui qui va moins vite,

et la rencontre a lieu au point R'. Afin d'obtenir les formules relatives à cette hypothèse, il faut, dans les expressions $x=\frac{ad}{a-b}$, $y=\frac{bd}{a-b}$, changer les signes des quantités a, b, x, y, qui prennent des acceptions opposées; on trouve $x=\frac{ad}{a+b}$, $y=\frac{bd}{a+b}$.

CHAPITRE VII.

PUISSANCES DES MONOMES.

---

§ I.er — *Formation des puissances.*

Pour élever un monôme à la puissance m.eme, il faut élever son coefficient à cette puissance, et multiplier les exposants par m, c'est-à-dire par le degré de la puissance.

Soit le monôme suivant : $(7a^3b^2c)^3$; cette opération est égale à celle-ci : $7a^3b^2c \times 7a^3b^2c \times 7a^3b^2c$; d'après les règles de la multiplication, il vient :

$$743a^{3+3+3} \times b^{2+2+2} \times c^{1+1+1},$$

$$\text{ou } 743a^9b^6c^3,$$

d'où l'on voit que le coefficient 7 a été élevé à la puissance désignée, et que tous les exposants ont été multipliés par le degré de la puissance, c'est-à-dire par 3.

Réciproquement, pour extraire la racine m.eme d'un monôme, il faut extraire la racine m.eme du coefficient, et diviser les exposants par *m*.

Soit à extraire la racine cubique de $743a^9b^6c^3$:

$$\sqrt[3]{743a^9b^6c^3}=7a^3b^2c.$$

La racine m.eme d'un produit est égale au produit de la racine m.eme de chaque facteur.

Ainsi : $\sqrt[2]{40}=\sqrt[2]{8}\times\sqrt[2]{5}.$

Il est des cas où les exposants ne sont pas divisibles par l'indice de la racine, alors on suit la méthode suivante :

Soit $\sqrt[2]{32a^3b^2c.}$

Ici 3, exposant de a, n'est pas divisible par 2; puis on ne peut extraire exactement la racine carrée de 32; alors on décompose le carré total en deux produits, dont l'un se prête à l'opération ; on laisse l'autre tel qu'il est, en indiquant l'opération ainsi :

$$32a^3b^2c=16a^2b^2\times 2ac.$$

On peut extraire la racine carrée de $16a^2b^2$; elle est $4ab$, et la racine totale sera $4ab\times\sqrt[2]{2ac.}$

Donc l'opération s'indique de cette manière :

$$\sqrt[2]{32a^3b^2c}=\sqrt[2]{16a^2b^2}\times 2ac=4ab\sqrt[2]{2ac.}$$

Il arrive quelquefois que l'on rencontre des expressions de cette forme :

$$\sqrt[2]{-25};$$

On les appelle quantités imaginaires, parce qu'aucun

carré réel n'a le signe —. En effet, si la quantité qu'on veut élever au carré a le signe +, le carré aura le signe +, si elle a le signe —, le carré aura encore le signe +, comme étant le produit de deux quantités qui ont des signes semblables; par conséquent, toute expression qui a le signe — n'est pas un carré, et l'on n'en peut extraire la racine carrée.

Cependant ces quantités se rencontrent en Algèbre. Voici comme on opère dessus :

Nous avons vu que la racine d'un produit est égale au produit de la racine de chacun des facteurs; ainsi $\sqrt[2]{-25}$ peut se décomposer ainsi $\sqrt[2]{25(-1)}$; car en faisant le produit, on aurait bien —25 ; on extrait donc la racine de 25, puis celle de —1, et on a $\pm 5 \times \sqrt[2]{-1}$, et alors ce chiffre 5 s'appelle coefficient de la racine $\sqrt[2]{-1}$; nous savons qu'un carré étant positif, peut venir du produit de deux facteurs positifs ou négatifs; ainsi, on peut mettre devant 5 le signe + ou —.

Quel que soit le signe d'une quantité, ses puissances paires sont toujours positives, et ses puissances impaires ont le même signe qu'elle.

Ainsi $(-a)^6$, on a : $(-a)\ (-a)\ (-a)\ (-a)\ (-a)\ (-a)$; prenant ces facteurs deux à deux, on a : $(-a)\times(-a)=+a^2$, et ainsi de suite, de sorte qu'il vient $a^2\times a^2\times a^2$ ou a^6 ; mais si l'on avait $(-a)^5$, c'est-à-dire un facteur de moins, il ne resterait que $a^2\times a^2\times -a$, et on aurait :

$$+a^4\times -a=-a^5 ;$$

d'où l'on voit que les puissances paires sont positives, et que les puissances impaires conservent le signe de la quantité; et une racine a le signe $+$, si l'indice est pair, et elle a le signe de la puissance, si l'indice est impair.

Les extractions de racines qui ne peuvent s'effectuer conduisent à des exposants fractionnaires; ainsi soit :

$$\sqrt[5]{a^3}.$$

D'après la règle des extractions, il vient $a^{\frac{3}{5}}$, et cette expression équivaut à la précédente. Donc les exposants fractionnaires ont pour origine une extraction de racine qui n'a pu s'effectuer.

$$\text{Ainsi } \sqrt[3]{a^5b^7}=a^{\frac{5}{3}}b^{\frac{7}{3}}.$$

§ II. — *Radicaux.*

Nous avons vu que la racine m.^{eme} d'un produit est égale au produit de la racine m.^{eme} de chacun des facteurs. Plus haut, nous avons décomposé un produit total en deux parties, et après avoir extrait la racine de l'un de ces produits, nous avons placé cette racine à côté du radical de l'autre produit. Cette opération s'appelle faire sortir un facteur du radical; elle se ramène à extraire la racine de ce facteur.

Maintenant, pour placer un facteur sous le radical, c'est le contraire, c'est-à-dire qu'il faut élever ce facteur à la puissance indiquée par l'indice du radical.

Soit $5\sqrt[3]{7}$; pour faire passer 5 sous le radical, il faut l'élever à la 3.e puissance, et il vient :

$$5\sqrt[3]{7}=\sqrt[3]{5^3\times 7}.$$

Nous avons remarqué, dans la division, l'origine et la valeur des exposants négatifs; lors donc qu'une quantité placée sous un radical a un exposant négatif, on opère de cette manière :

Supposons d'abord qu'on ait une quantité de cette forme : $25^{-\frac{3}{2}}$; nous savons que cette expression équivaut à celle-ci : $\sqrt[2]{25^{-3}}$.

De plus, nous avons vu qu'une quantité affectée d'un exposant négatif est égale à une fraction qui a l'unité pour numérateur et pour dénominateur, cette même quantité avec l'exposant pris positivement.

$$\text{Ainsi } 25^{-3}=\frac{1}{25^3};$$

$$\text{Donc } \sqrt{25^{-3}}=\sqrt{\frac{1}{25^3}};\ \text{ainsi } 25^{-\frac{3}{2}}=\sqrt{\frac{1}{25^3}}.$$

Lorsque l'expression renferme des exposants fractionnaires de dénominateurs différents, on les réduit au même dénominateur, et on extrait la racine d'un degré égal au dénominateur commun.

Soit $a^{\frac{p}{q}}b^{-\frac{m}{n}}$, on a pour dénominateur commun qn;

$$\text{puis } \frac{p}{q}=\frac{np}{qn},\ -\frac{m}{n}=\frac{-mq}{nq};$$

donc on a : $a^{\frac{np}{nq}}b^{-\frac{mq}{nq}}$, et cette expression équivaut à celle-ci :

$$\sqrt[nq.^{\text{eme}}]{a^{np}\times b^{-mq}};\ \text{mais } b^{-mq}=\frac{1}{b^{mq}};$$

$$\text{donc : } \sqrt[qn]{a^{nq}\times b^{-mq}}=\sqrt[qn]{a^{np}}\times\sqrt[qn]{\frac{1}{b^{mq}}};$$

or, $a^{np} \times \frac{1}{b^{mq}} = \frac{a^{np}}{b^{mq}}$; d'où il vient :

$$\sqrt[qn]{a^{pn} \times b^{-mq}} = \sqrt[qn]{a^{np}} \times \sqrt[qn]{\frac{1}{b^{mq}}} = \sqrt[qn]{\frac{a^{pn}}{b^{mq}}}.$$

Soit cette expression : $25^{\frac{3}{2}}$ qui égale $\sqrt[2]{25^{-3}}$ ou $\sqrt{\frac{1}{25^{3}}}$ il faut élever 25 à la 3.e puissance ; il vient 15625 ; donc on a : $\sqrt{\frac{1}{15625}}$. La racine de $1=1$; celle de 15625 est 125 ; on a donc $\sqrt{\frac{1}{15625}}=\frac{1}{125}$; ainsi, $25^{-\frac{3}{2}} = \frac{1}{125}$.

Un radical ne change pas de valeur quand on multiplie son indice par un nombre quelconque, et qu'on élève la quantité placée dessous à un degré marqué par ce nombre.

En effet, soit $\sqrt[3]{ab^2}$ qu'on veut multiplier par 5, on a : $\sqrt[15]{a^5b^{10}}$.

Remarquons que l'expression $\sqrt[3]{ab^2}$ est égale à celle-ci : $a^{\frac{1}{3}}\,b^{\frac{2}{3}}$; on ne change pas la valeur d'une fraction en multipliant ses deux termes par un même nombre; en les multipliant par 5, il vient : $a^{\frac{5}{15}}\,b^{\frac{10}{15}}$; or, d'après le principe démontré plus haut, cette expression équivaut à celle-ci : $\sqrt[15]{a^5b^{10}}$; donc le radical n'a pas changé de valeur, et $\sqrt[3]{ab^2} = \sqrt[15]{a^5b^{10}}$.

Un radical ne change pas de valeur quand on divise

son indice par un nombre quelconque, et qu'on extrait de la quantité placée dessous une racine marquée par ce nombre.

Soit $\sqrt[12]{a^9b^6c^{21}}$, si l'on divise l'indice par 3, il faut extraire la racine 3.e de la quantité soumise au radical, pour cela, il suffit de diviser les exposants par 3 ; on a donc $\sqrt[12]{a^9b^6c^{21}} = \sqrt[4]{a^3b^2c^7}$.

En effet, d'abord le radical $\sqrt[12]{a^9b^6c^{21}}$ équivaut à cette expression : $a^{\frac{9}{12}}b^{\frac{6}{12}}c^{\frac{21}{12}}$; en divisant chacun des termes de ces fractions par 3, on n'en change pas la valeur, et il vient : $a^{\frac{3}{4}}b^{\frac{2}{4}}c^{\frac{7}{4}}$; or, cette expression équivaut à celle-ci : $\sqrt[4]{a^3b^2c^7}$; donc le radical n'a pas changé de valeur.

Si l'on voulait que le radical ne renfermât pas d'exposants plus forts que l'indice, on classerait le facteur affecté de cet exposant par la méthode que j'ai donnée plus haut, c'est-à-dire en décomposant ce facteur en deux, dont l'un soit une puissance exactement divisible par l'indice.

Ainsi $\sqrt[4]{a^3b^2c^7} = \sqrt[4]{a^3b^2c^3 \times c^4}$; or, c^4 est une puissance dont on peut extraire la racine 4.e, il vient donc $\sqrt[4]{a^3b^2c^3}$; puis, plaçant le facteur c en tête du radical, on a : $\sqrt[4]{a^3b^2c^7} = c\sqrt[4]{a^3b^2c^3}$.

Si l'on veut réduire au même indice plusieurs radicaux, on donne pour indice à chacun d'eux l'indice commun ; puis on multiplie les exposants des quantités par le nombre de fois que l'indice primitif est contenu dans l'indice commun.

Ainsi soit : $\sqrt[2]{a}$, $\sqrt[3]{a^2b}$, $\sqrt[5]{2a^2b^3}$. Pour réduire ces radicaux au même dénominateur, je prends 30, le plus petit multiple des indices, et j'ai :

$$\sqrt[30]{a^{15}},\ \sqrt[30]{a^{20}b^{10}},\ \sqrt[30]{64a^{12}b^{18}}.$$

En effet, les radicaux primitifs peuvent se mettre sous cette forme :

$$a^{\frac{1}{2}},\ a^{\frac{2}{3}}b^{\frac{1}{3}},\ 2a^{\frac{2}{5}}b^{\frac{3}{5}}.$$

En réduisant ces fractions au même dénominateur, il vient : $a^{\frac{15}{30}}$, $a^{\frac{20}{30}}b^{\frac{10}{30}}$, 2^6 ou $64\ a^{\frac{12}{30}}b^{\frac{18}{30}}$; et ces expressions égalent celles-ci :

$$\sqrt[30]{a^{15}},\ \sqrt[30]{a^{20}b^{10}},\ \sqrt[30]{64a^{12}b^{18}}.$$

§ III. — *Calcul des radicaux.*

Article 1.er

Pour ajouter ensemble plusieurs radicaux, on les écrit à la suite l'un de l'autre, en laissant les signes tels qu'ils sont, et en faisant la réduction des radicaux semblables.

Soit à ajouter ensemble : $(3a\sqrt{2b}-4a^2b\sqrt[3]{2b^2})+(-2b\sqrt{2b}+2abc\sqrt[3]{2b^2})+(\sqrt{2b}-6\sqrt[3]{2b}-\sqrt[5]{c})$; on a donc ici d'abord : $3a\sqrt{2b}$, puis $-2b\sqrt{2b}$, puis $\sqrt{2b}$, qui sont des radicaux semblables; et $\sqrt{2b}$ est facteur commun; je le mets en évidence; il vient alors $(3a-2b+1)\sqrt{2b}$.

Ensuite on a encore $-4a^2\sqrt[3]{2b^2}$, puis $2abc\sqrt[3]{2b^2}$, qui sont semblables, et $\sqrt[3]{2b^2}$ est facteur commun; on a donc : $(-4a^2+2abc)\sqrt[3]{2b^2}$; enfin il ne reste plus que $-6\sqrt[3]{2b}$ et $\sqrt[5]{c}$; la somme sera :

$$(3a-2b+1)\sqrt{2b}+(-4a^2b+2abc)\sqrt[3]{2b^2}-c\sqrt[2]{2b}-\sqrt[5]{c}.$$

ARTICLE 2.

Pour faire la soustraction des radicaux, on les écrit à la suite l'un de l'autre, en changeant les signes du minuteur, et en faisant la réduction des termes semblables, s'il y a lieu.

Soit : $(3a\sqrt[3]{ab^2}-2a^2b\sqrt{b})-(2c\sqrt[3]{ab^2}-5a^2b\sqrt{b})$;

il vient d'abord : $3a\sqrt[3]{ab^2}-2a^2b\sqrt{b}-2c\sqrt[3]{ab^2}+5a^2b\sqrt{b}$;

mais on a $\sqrt[3]{ab^2}$ qui est facteur commun, ainsi que $\sqrt{b}$;

il vient donc alors $(3a-2c)\sqrt[3]{ab^2}+3a^2b\sqrt{b}$.

ARTICLE 3.

Pour faire le produit de plusieurs radicaux d'un degré quelconque, on les ramène à un indice commun, s'ils n'y sont déjà ; on multiplie entre elles les quantités placées sous le radical, et on affecte le produit du radical commun.

$$\text{Soit : } \sqrt[3]{3a^2b}\times\sqrt[3]{7a^2bc^2}=\sqrt[3]{21a^4b^2c^2}.$$

En effet, nous savons que la racine d'un produit est égale au produit de la racine de chacun des facteurs ; or, ici nous aurions :

$$\sqrt[3]{3a^2}\times\sqrt[3]{b}\times\sqrt[3]{7a^2}\times\sqrt[3]{b}\times\sqrt[3]{c^2}\ ;$$

et le produit est égal à $\sqrt[3]{21a^4b^2c^2}$.

Si on avait $\sqrt[2]{a} \times \sqrt[3]{b}$, on réduit les radicaux à un indice commun, et on a : $\sqrt[6]{a^3} \times \sqrt[6]{b^2} = \sqrt[6]{a^3 b^2}$.

Article 4.

Pour diviser deux radicaux l'un par l'autre, on les ramène à un indice commun ; on divise l'une par l'autre les quantités placées sous les radicaux, et l'on affecte le quotient du radical commun.

Soit d'abord :

$$\sqrt[3]{6ab^2} : \sqrt[3]{2a^2b} = \sqrt[3]{\frac{6ab^2}{2a^2b}} \text{ ou } \sqrt[3]{\frac{3\times 2a\times b\times b}{2a\times a\times b}}$$

$$\text{ou } \sqrt[3]{\frac{3b}{a}}.$$

En effet, une division peut se mettre sous forme de fraction, et pour élever une fraction à une puissance, il faut y élever le numérateur et le dénominateur ; en élevant le quotient ci-dessus à la 3.e puissance, il vient :

$$\left(\frac{\sqrt[3]{3b}}{\sqrt[3]{a}}\right)^3 = \frac{3b}{a}.$$

Si on prend la racine 3.e de ce nouveau quotient, on aura $= \sqrt[3]{\frac{3b}{a}}$.

Article 5. — *Puissance.*

Pour élever un radical à une puissance, il faut élever à cette puissance la quantité soumise au radical, ou bien diviser l'indice du radical par l'exposant de cette puissance, lorsque cette division est possible.

Ainsi : $(\sqrt[m]{a})^n = \sqrt[m]{a^n}$, et $(\sqrt[mn]{a})^n = \sqrt[m]{a}$.

Dans le premier cas, on a :

$(\sqrt[m]{a})^n = \sqrt[m]{a} \times \sqrt[m]{a} \times \sqrt[m]{a}$ jusqu'à n fois ; et il vient ainsi : $\sqrt[m]{a^n}$; mais si l'indice est divisible par le degré de la puissance, il est clair qu'on a : $(\sqrt[mn]{a})^n = \sqrt[m]{a}$.

1.er cas. Si l'indice du radical est divisible par le degré de la puissance, on opère ainsi :

Soit $(\sqrt{a^2+b^2})^2$, on a pour résultat $\sqrt{a^2+b^2}$, et la quantité se trouve élevée au carré, puisqu'au lieu d'être une racine 4.e, elle devient une racine 2.e

2.e cas. Si l'indice du radical n'est pas divisible par le degré de la puissance, on agit de cette manière :

Soit $(2a\sqrt[3]{2ab^2})^4 = 16a^4\sqrt[3]{16a^4b^8}$. Mais ce radical peut se simplifier, car $b^8 = b^6b^2$, $16a^4 = 8a^3 \times 2a$, et $8a^3b^6$ sont divisibles par l'indice du radical.

Ainsi $\sqrt[3]{16a^4b^8} = \sqrt[3]{8a^3 \times 2a \times b^6 \times b^2}$ ou $2ab\sqrt[3]{2ab^2}$, et le résultat devient :

$$16a^4 \times 2ab^2\sqrt[3]{2ab^2}, \text{ ou enfin } 32a^5b^2\sqrt[3]{2ab^2}.$$

Pour extraire la racine d'un radical, il faut extraire celle de la quantité qui lui est soumise, ou bien multiplier l'indice du radical par le degré de la racine à extraire.

1.er cas. Si les exposants sont divisibles par le degré

de cette racine, on a, par exemple :

$$\sqrt[2]{\sqrt[3]{4a^2b^2}} = \sqrt[3]{2ab}.$$

2.e CAS. Si les exposants ne sont pas divisibles par le degré, on multiplie l'indice du radical par le degré de la racine à extraire. Soit :

$$\sqrt[3]{\sqrt{5ab}} = \sqrt[6]{5ab}.$$

La règle des exposants entiers s'applique aussi partout aux exposants fractionnaires. Ainsi, soit :

$$a^{\frac{m}{n}} \times a^{\frac{p}{q}};$$

d'après la règle des exposants entiers, il vient :

$$a^{\frac{m}{n}+\frac{p}{q}}.$$

En effet, si l'on réduit les fractions $\frac{m}{n}$ et $\frac{p}{q}$ au même dénominateur, il vient : $a^{\frac{mq}{nq}} \times a^{\frac{np}{nq}}$; or, cette expression équivaut à celle-ci :

$$\sqrt[nq]{a^{mq} \times a^{np}} \text{ ou } \sqrt[nq]{a^{mq+pn}};$$

si nous ôtons le radical, nous avons $a^{\frac{mq+pn}{nq}}$; c'est-à-dire la somme des premiers exposants $\frac{m}{n}$ et $\frac{p}{q}$;

donc $a^{\frac{m}{n}} \times a^{\frac{p}{q}} = a^{\frac{mq+pn}{nq}}$.

Donc la règle qui s'applique aux exposants entiers, s'applique aussi aux exposants fractionnaires.

Le calcul des radicaux conduit à des simplifications très-avantageuses, surtout dans les fractions dont le dénominateur est compliqué, car alors on ne peut en avoir une valeur même approximative; en effet, le dénominateur est un diviseur, s'il n'est pas entier, et quelquefois même, s'il est une racine incommensurable, on n'aura qu'une valeur éloignée et encore après de longs calculs; puis en opérant la division du numérateur par cette valeur du dénominateur, on fera des calculs infinis. Voici donc comme on abrège :

Soit $\frac{a}{\sqrt{m}+\sqrt{n}}$, je multiplie chaque terme par un même nombre $\sqrt{m}-\sqrt{n}$, et il vient :

$$\frac{a(\sqrt{m}-\sqrt{n})}{(\sqrt{m}+\sqrt{n})(\sqrt{m}-\sqrt{n})} \text{ ou } \frac{a(\sqrt{m}-\sqrt{n})}{(\sqrt{m})^2-(\sqrt{n})^2};$$

mais la racine carrée de m est m, de même pour n; on a donc : $\frac{a(\sqrt{m}-\sqrt{n})}{m-n}$.

Et maintenant le dénominateur est un nombre entier; on peut approcher de la valeur de la fraction, tandis qu'autrement la racine pouvait être incommensurable, et la division eût été extrêmement longue.

Si on avait $\frac{7}{\sqrt{5}}$, cette racine est incommensurable; le dénominateur sera fort complet si l'on pousse l'exactitude, et par suite on sera obligé de faire une longue division pour avoir la valeur de la fraction; mais on simplifie ainsi :

Je multiplie chaque terme par $\sqrt{5}$, et j'ai :

$$\frac{7\sqrt{5}}{\sqrt{5}\times\sqrt{5}.}$$

Mais $\sqrt{5}\times\sqrt{5}=\sqrt{25}$; il vient donc $\frac{7}{\sqrt{25}}$; or, $\sqrt{25}=5$; on a donc : $\frac{7\sqrt{5}}{5}$; le dénominateur est simple, et la division devient facile.

CHAPITRE VIII.

PUISSANCES DES POLYNOMES.

§ 1.er Carré.

Soit le monôme $a+b$ qu'on veut élever au carré, on a $(a+b)\times(a+b)$ ou $(a+b)^2$, et il vient $a^2+2ab+b^2$.

Remarquons que le carré de ce monôme se compose du carré du premier terme, plus du double produit du premier terme par le second, plus enfin du carré du second terme.

Prenons un trinôme :

$$(a+b+c)^2.$$

Ce trinôme peut d'abord se décomposer ainsi :

$$a+(b+c).$$

Et d'après la règle des monômes, il vient :

$$a^2+2a(b+c)+(b+c)^2.$$

Nous savons que $(b+c)^2=b^2+2bc+c^2$, puis $2a(b+c)=2ab+2ac$; le carré total sera donc :

$$a^2+2ab+b^2+2ac+2bc+c^2.$$

Remarquons que ce carré se compose du carré du premier terme. . . . . a^2.

Plus le double produit du premier terme par le second. . . . . $2ab$.

Plus le carré du second. . . . . b^2.

Plus le double produit du premier terme par le troisième. . . . . $2ac$.

Plus le double produit du deuxième terme par le troisième. . . . . $2bc$.

Plus le carré du troisième. . . . . c^2.

Mais le polynôme peut encore se mettre sous cette forme :

$[(a+b)+c]^2$, et il vient alors $(a+b)^2+2(a+b)c+c^2$: or, $(a+b)^2$ donne a^2+b^2+2ab, $2(a+b)c$ donne $2ac+2bc$, et on a le même carré que plus haut ; mais sans opérer les calculs, le carré se présente sous cette forme :

$(a+b)^2$, carré du premier terme ; $2(a+b)c$, double produit de la somme des deux premiers termes par le troisième, et enfin c^2, carré du troisième.

On en conclut donc la règle générale que le carré d'un polynôme renferme le carré du premier terme ; plus le double produit du premier terme par le deuxième ; plus le carré du deuxième ; plus le double produit de la somme des deux premiers termes par le troisième ; plus le carré du troisième, etc.

Ainsi, si l'on a : $(a+c+d+b)$ ou $(a+b+c+d)^2$, il vient successivement :

$$a^2.$$
$$+2ab.$$
$$+b^2.$$
$$+2(a+b)c.$$
$$+c^2.$$
$$+2(a+b+c)d.$$
$$+d^2.$$

Et si l'on effectue ces calculs, on verra que le carré d'un polynôme renferme la somme des carrés de tous les termes, plus les doubles produits de ces termes pris deux à deux ; et on peut aussi remarquer que lorsqu'un polynôme reçoit un nouveau terme, son carré augmente du double produit de tous les autres termes par ce nouveau terme, plus du carré de celui-ci.

En effet, $(a+b)^2=a^2+2ab+b^2$; $(a+b+c)^2=a^2+2ab+b^2+2(a+b)c+c^2$; $(a+b+c+d)^2=a^2+2ab+b^2+2(a+b)c+c^2+2(a+b+c)d+d^2$.

Si le polynôme proposé renferme des termes négatifs, tous les termes du carré où se trouve ce terme négatif avec un exposant impair, seront aussi négatifs ; tandis que ceux qui ont des exposants pairs, seront positifs ; car nous avons vu qu'une puissance paire est toujours positive.

Ainsi $(a^2-2b+3)^2$ donne $a^4-4a^2b+4b^2+6a^2-12b+9$.

Terminons ce paragraphe en opérant sur une expression dont on se sert dans certaines figures de géométrie. Cette expression se présente sous cette forme :

$$4a^2b^2-(b^2+a^2-c^2)^2.$$

Je remarque d'abord que cette expression est la différence de deux carrés ; or la différence de deux carrés est égale à la somme de leurs racines, multipliée par leur différence.

Ainsi $4a^2b^2-(b^2+a^2-c^2)^2$ équivaut à $\sqrt[2]{4a^2b^2}$ ou $2ab+b^2+a^2-c^2\times 2ab-b^2-a^2+c^2$; mais a^2+b^2+2ab n'est autre chose que $(a+b)^2$; on a donc $[(a+b)^2-c^2]\times(2ab-b^2-a^2+c^2)$; mais $2ab-b^2-a^2$ n'est autre chose que $-(a-b)^2$; c'est-à-dire le carré de $a-b$ pris négativement ; il vient donc $[(a+b)^2-c^2]\times[-(a-b)^2+c^2]$, ou mieux $[(a+b)^2-c^2]\times[c^2-(a-b)^2]$; enfin $(a+b)^2-c^2$ est encore la différence de deux carrés ; $c^2-(a-b)^2$ est aussi la différence de deux carrés ; donc $(a+b)^2-c^2=(a+b+c)\times(a+b-c)$, et $c^2-(a-b)^2=(c+a-b)\times(c-a+b)$, et on a en dernier lieu $(a+b+c)\times(a+b-c)\times(c+a-b)\times(c-a+b)$.

§ 2.° Racine carrée.

D'après les remarques sur les produits du carré, on conclut la règle suivante pour en extraire la racine.

Pour extraire la racine carrée d'un polynôme, il faut, après l'avoir ordonné, prendre la racine carrée de son premier terme, laquelle sera le premier terme de la racine ; retrancher du polynôme proposé le carré du premier terme de la racine, et diviser le premier terme du reste par le double du premier terme de la racine, ce qui donnera son second terme ; retrancher du premier reste le double produit du premier terme par le second, et le carré du second ; diviser de même le premier terme du second reste par le double du premier terme de la racine, ce qui donnera son troisième terme ; retrancher du second reste le double produit qu'on obtient en multipliant la somme des deux premiers termes de la racine par le troisième ; diviser également le premier terme du troisième reste par le double produit du premier terme de la racine, ce qui en donnera le quatrième, ainsi de suite.

C'est la même marche que pour les nombres. Ainsi soit :

Polynôme proposé.	*Racine.*
$4a^6-12a^5b+25a^4b^2-44a^3b^3+46a^2b^4-40ab^5-25b^6$	$2a^3-3a^2b+4ab^2-5b^3$
$-4a^6$	$4a^3-3a^2b$
1.er reste. $-12a^5b+25a^4b^2-44a^3b^3+46a^2b^4$	$4a^3-6a^2b+4ab^2$
$+12a^5b-\ 9a^4b^2$	
2.e reste. $16a^4b^2-44a^3b^3+46a^2b^4$	$4a^3-6a^2b+8ab^2-5b^3$
$-16a^4b^2+24a^3b^3-16a^2b^4$	
3.e reste. $-20a^3b^3+30a^2b^4+25b^6$	
$+20a^3b^3-30a^2b^4-25b^6$	
4.e reste. 0 0 0	

On extrait la racine carrée du premier terme $4a^6$, ce qui donne le premier terme $2a^3$ de la racine.

On retranche du polynôme le carré de ce terme, et l'on obtient le premier reste; on divise le premier terme $-12a^5b$ de ce reste par le double $4a^3$ du premier terme de la racine, ce qui donne son second terme $-3a^2b$; on l'écrit à la racine et aussi à côté du double $4a^3$ de son premier terme; on multiplie la somme $4a^3-3a^2b$ par le second terme $-3a^2b$ de la racine, et le produit étant retranché du premier reste, on obtient le second reste, dont le premier terme $16a^4b^2$, divisé par le double $4a^3$ du premier terme $2a^3$ de la racine, donne son troisième terme $4ab^2$ qu'on écrit à la racine et à côté du double de la somme des deux premiers termes.

On multiplie la somme $4a^3-6a^2b+4ab^2$ par $4ab^2$, et le produit étant retranché du deuxième reste, on obtient le troisième reste $-20a^3b^3+30a^2b^4+25b^6$, dont le premier terme, divisé par le double produit $4a^3$ du premier terme de la racine, donne son quatrième terme $-5b^3$, qu'on écrit à la racine et à côté de la somme des trois premiers termes.

Enfin on multiplie cette nouvelle somme $4a^3-6a^2b+8ab^2-5b^3$ par $-5b^3$, et le produit étant retranché du troisième reste, donne 0 pour quatrième reste, d'où l'on conclut que la racine cherchée est $2a^3-3a^2b+4ab^2-5b^3$.

On reconnaît qu'un polynôme n'est pas un carré s'il se présente l'une des circonstances suivantes :

1.° Si le polynôme, ordonné par rapport à une lettre, contient dans son premier ou dans son dernier terme cette lettre avec un exposant impair.

2.° Si l'on parvient, dans le cours de l'opération, à un reste dont le premier terme contienne la lettre principale avec un exposant moindre que celui de la même lettre dans le premier terme de la racine, car alors on ne pourra pas diviser le premier terme de ce reste par le double du premier terme de la racine.

3.° Si l'on est conduit à mettre à la racine un terme où l'exposant de la lettre principale soit plus petit que la moitié de l'exposant de cette lettre dans le dernier terme du polynôme proposé, car le carré de ce dernier terme de la racine ne serait pas égal au dernier terme du polynôme proposé, comme cela doit être.

CHAPITRE IX.

ÉQUATIONS DU SECOND DEGRÉ.

L'équation du second degré est celle où l'inconnue est affectée de l'exposant 2.

On distingue les équations incomplètes et les équations complètes.

Les équations incomplètes ne renferment que des termes tous connus, et des termes où l'inconnue est affectée de l'exposant 2.

L'équation incomplète, appelée aussi équation à deux termes, se ramène à cette forme :

$$x^2 = q,$$

en faisant q le quotient, qu'on obtient en divisant le terme tout connu par le coefficient de l'inconnu ; d'où l'on tire :

$$x = \pm \sqrt{q};$$

il se présente alors trois cas :

$$q>0;$$
$$q=0;$$
$$q<0;$$

si $q>0$, la racine est commensurable ou incommensurable, mais réelle; si $q<0$, la valeur est imaginaire; car on ne peut tirer une racine carrée d'une quantité négative;

si $q=0$; $x=0$.

L'équation complète ou à trois termes renferme des termes tous connus, des termes où l'inconnue a l'exposant 2, et des termes où l'inconnue est à la premiére puissance.

L'équation complète se ramène à cette forme :

$$x^2+px=q,$$

en faisant p le coefficient de la première puissance de l'inconnue.

Soit par exemple :

$$\frac{360}{x-4}-\frac{360}{x}=3;$$

il vient d'abord :

$$360x-360(x-4)=3x(x-4);$$

et on tire :

$$360x-360x+1440=3x^2-12x;$$

et en changeant les membres, on a : $3x^2-12x=1440$, ou en simplifiant, $x^2-4x=480$; on voit la forme $x^2+px=q$.

Mais résolvons l'équation générale

$$x^2+px=q:$$

Je considère l'expression x^2+px comme le commencement du carré d'un binôme, dont le premier terme est x, et le deuxième $\frac{p}{2}$; car on sait que le deuxième terme d'un carré est égal au double produit du premier terme du binôme, multiplié par le second terme de ce dit binôme; ainsi $px=\frac{p}{2}\times x+\frac{p}{2}\times x$ ou $\left(\frac{p}{2}+\frac{p}{2}\right)x$ ou px; donc le binôme primitif serait $x+\frac{p}{2}$; le carré sera $x^2+px+\frac{p^2}{4}$; j'ajoute ce dernier terme $\frac{p^2}{4}$ au second membre de l'équation, et j'ai

$$x^2+px+\frac{p^2}{4}=q+\frac{p^2}{4}, \text{ ou } \left(x+\frac{p}{2}\right)^2=q+\frac{p^2}{4};$$

extrayant la racine des deux membres, il vient :

$$x+\frac{p}{2}=\pm\sqrt{q+\frac{p^2}{4}}; \text{ d'où } x=-\frac{p}{2}\pm\sqrt{q+\frac{p^2}{4}},$$

d'où l'on conclut la règle suivante :

Pour résoudre une équation du second degré à une inconnue, on prépare cette équation; ensuite on égale la première puissance de l'inconnue à la moitié de son coefficient pris en signe contraire, $\pm$ la racine d'un nombre formé par la quantité toute connue, augmentée du carré de la moitié du coefficient de l'inconnue.

Mais l'essentiel est de savoir toujours la formule ci-dessus, qui donne de suite la solution.

L'équation du second degré a deux racines et n'en peut avoir davantage.

En effet, d'après la combinaison des signes, il vient ces quatre résultats :

On a $x^2=\pm q$, donc :

$$+x=+\sqrt{q};$$
$$+x=-\sqrt{q};$$
$$-x=+\sqrt{q};$$
$$-x=-\sqrt{q};$$

Or, la première et la dernière combinaison sont les mêmes; la deuxième et la troisième sont semblables; donc l'équation ne peut avoir que deux racines.

La somme des racines est égale au coefficient du second terme pris avec son signe contraire.

En effet, d'après l'équation :

$$x^2+px=q,$$

on tire ces deux valeurs :

$$x=-\frac{p}{2}+\sqrt{q+\frac{p^2}{4}}$$

$$\text{et } x=-\frac{p}{2}-\sqrt{q+\frac{p^2}{4}}.$$

En représentant x par a et par b, on a pour la somme des racines :

$$a+b=-\frac{p}{2}+\sqrt{q+\frac{p^2}{4}}-\frac{p}{2}-\sqrt{q+\frac{p^2}{4}};$$

or, les deux termes $+\sqrt{q+\frac{p}{4}}$ et $-\sqrt{q+\frac{p^2}{4}}$ se détruisent, il reste :

$$a+b=-\frac{p}{2}-\frac{p}{2}, \text{ ou } a+b=-p;$$

donc la somme des deux racines égale le coefficient de l'inconnue pris avec son signe contraire.

Le produit des racines est égale au terme tout connu pris avec son signe dans le premier membre.

En effet, prenons les équations :

$$a=-\frac{p}{2}+\sqrt{q+\frac{p^2}{4}};$$

$$b=-\frac{p}{2}-\sqrt{q+\frac{p^2}{4}};$$

le produit sera :

$$ab=+\frac{p^2}{4}-\frac{p}{2}\sqrt{q+\frac{p^2}{4}}+\frac{p}{2}\sqrt{q+\frac{p^2}{4}}-\left(\sqrt{q+\frac{p^2}{4}}\right)$$
$$\times\left(\sqrt{q+\frac{p^2}{4}}\right)$$

ou $ab=+\frac{p^2}{4}-\frac{p}{2}\sqrt{q+\frac{p^2}{4}}+\frac{p}{2}\sqrt{q+\frac{p^2}{4}}-\left(\frac{p^2}{4}+q\right)$;

d'où il vient :

$$ab=+\frac{p^2}{4}-\left(\frac{p^2}{4}+q\right);$$

car les deux autres termes se détruisent; on a donc :

$$ab=+\frac{p}{2}-\left(\frac{p^2}{4}+q\right),$$

ou $ab=+\frac{p^2}{4}-\frac{p^2}{4}-q$; d'où il vient enfin $ab=-q$.

Donc le produit des deux racines égale la quantité toute connue prise avec son signe dans le premier membre; car si q passait dans le premier membre, on aurait :

$$x^2+px-q=0.$$

Il suit de là qu'on peut composer une équation du second degré dont on connaît les racines.

Si l'on voulait composer une équation dont les racines soient 5 et 3, on a :

$$a+b=8,\ ab=15;\ \text{donc}\ x^2-8x=15,$$
$$\text{ou}\ x^2-8x+15=0.$$

Discussion de la formule.

Dans la formule $x=-\frac{p}{2}\pm\sqrt{q+\frac{p^2}{4}}$, il se présente trois cas que nous allons examiner.

1.er Cas : $\frac{p^2}{4}+q>0$;

2.e Cas : $\frac{p^2}{4}+q=0$;

3.e Cas : $\frac{p^2}{4}+q<0$.

1.er Cas.

$$\frac{p^2}{4}+q>0\,;$$

Ce premier cas renferme trois variétés.

1.re Variété : $q>0$;
2.e Variété : $q=0$;
3.e Variété : $q<0$.

1.re VARIÉTÉ. $q>0$; on a $\frac{p^2}{4}<\left(\frac{p^2}{4}+q\right)$, et par suite, $\sqrt{\frac{p^2}{4}}$ ou $\frac{p}{2}<\sqrt{\frac{p^2}{4}+q}$; chaque racine prend le signe du radical qui lui correspond. Donc, toute équation du second degré, dont le membre tout connu est positif, a deux racines réelles et des signes différents, puisque chacune prend le signe qui précède son radical.

2.e VARIÉTÉ. $q=0$; les racines de l'équation deviennent $x=-\frac{p}{2}+\frac{p}{2}=0$; et l'autre $x=-\frac{p}{2}-\frac{p}{2}=-p$. Ainsi les racines d'une équation du second degré, privées de tout terme connu, sont égales, l'une à zéro, l'autre au coefficient du second terme, pris en signe contraire.

3.e VARIÉTÉ. $q<0$ et numériquement plus petit que $\frac{p^2}{4}$; on a $\frac{p^2}{4}>\left(\frac{p^2}{4}+q\right)$, puisque q est négatif; il vient par suite, $\frac{p}{2} > \sqrt{\frac{p^2}{4}+q}$; les deux racines de l'équation prennent le signe du premier terme $-\frac{p}{2}$ (puisqu'il est plus grand).

Il suit de là que lorsque le membre tout connu est négatif et moindre, abstraction faite des signes, que le carré de la moitié du coefficient du second terme, les deux racines sont réelles et de même signe; positives, si ce coefficient est négatif; négatives, s'il est positif (car il change de signe en passant au deuxième membre où se trouvent les racines).

Mais si q est négatif et numériquement plus grand que $\frac{p^2}{4}$, on a $q=\frac{p^2}{4}+k^2$, quantité qui représente le nombre positif qu'on doit ajouter à $\frac{p^2}{4}$ pour égaler q ; il vient donc : $x^2+px=-\frac{p^2}{4}-k^2$, ou $x^2+px+\frac{p^2}{4}+k^2=0$, ou $\left(x+\frac{p}{2}\right)^2+k^2=0$.

Or, il est impossible que la somme de deux quantités positives égale zéro, donc la valeur de x est imaginaire. (Ceci s'applique seulement au 3.e cas.)

Donc, lorsque le nombre tout connu est négatif et plus grand que le carré de la moitié du coefficient du second terme, il s'en suit :

1.° Les racines sont imaginaires;

2.° L'équation est impossible, et tous les termes transposés dans le premier membre équivalent à la somme de deux carrés.

2.e Cas.

$$\frac{p^2}{4}+q=0, \text{ ou bien } q=-\frac{p^2}{4};$$

On a pour x : $x=-\frac{p}{2}+\sqrt{0}=-\frac{p}{2}$, et en second lieu : $x=-\frac{p}{2}-\sqrt{0}=-\frac{p}{2}$;

Conséquemment, si le nombre connu est négatif et numériquement égal au carré de la moitié du coefficient du second terme pris en signe contraire, les deux racines sont égales entre elles et à cette même moitié prise en signe contraire.

L'équation $x^2+px=q$ devient alors $x^2+px=-\frac{p^2}{4}$ ou bien $x^2+px+\frac{p^2}{4}=0$, ou enfin $\left(x+\frac{p}{2}\right)^2=0$;

Donc, quand il y a égalité entre les racines, tous les termes de l'équation, transposés dans le premier membre, forment un carré parfait.

3.e Cas.

$$\frac{p^3}{4}+q<0.$$

Dans le cas précédent (2.e), il fallait que q fût négatif, mais numériquement plus petit que $\frac{p^2}{4}$; mais ici, le cas exige que q soit négatif et d'une valeur *absolue* plus grande que $\frac{p^2}{4}$.

Le radical et par suite les racines sont imaginaires, puisqu'un carré est toujours positif.

Représentons par k le terme $-\frac{p}{2}$, et par h la racine de l'expression

$\frac{p^2}{4}+q$ prise positivement, en sorte que $-h^2=\frac{p^2}{4}+q$; c'est-à-dire que le carré de la racine h pris négativement est égal au carré $\frac{p^2}{4}+q$ pris positivement ; la formule qui donne les racines devient :

$$x=k\pm\sqrt{-h^2} \text{ ou } x=k\pm h\sqrt{-1}.$$

Afin de reconnaître la forme d'une équation du second degré dont les racines sont imaginaires, faisons passer le terme k dans le premier membre et élevons au carré, nous aurons $(x-k)^2=-h^2$, ou $(x-k)^2+h^2=0$, équation dont l'impossibilité est manifeste, puisqu'elle signifie que la somme de deux quantités positives égale zéro.

Donc, lorsque le nombre tout connu est négatif et plus grand que la moitié du coefficient du deuxième terme :

1.° Les racines sont imaginaires;

2.° Elles sont conjuguées et de la forme $x=k\pm h\sqrt{-1}$;

3.° L'équation est impossible, et tous les termes transposés dans le premier membre équivalent à la somme de deux carrés.

La discussion précédente fait connaître la nature des racines d'une équation du second degré, à l'inspection de ses coefficients.

1.er Exemple. $x^2-6x=7$. Le second membre 7 étant positif, cette équation a deux racines réelles et de signes contraires; la plus grande est positive, car leur somme est 7—1 ou 6. (1.re variété.)

2.e Exemple. L'équation $x^2-6x=0$ a deux racines réelles, l'une égale à 0 et l'autre à 6. (2.e variété.)

3.e Exemple. $x^2-6x=-7$. 1.° Les racines sont réelles, car 7 est $<\left(\frac{6}{2}\right)^2$ ou 9; 2.° elles sont de même signe, attendu que leur produit est 7, positif; 3.° elles sont positives, puisque leur somme est 6. (3.e variété, 1.er alinéa.)

4.e Exemple. $x^2+6x=-q$. Le membre tout connu $-q$ étant négatif et numériquement égal à $\left(-\frac{6}{2}\right)^2$ ou 9, les deux racines sont égales entre elles et à $-\frac{6}{2}$ ou -3; l'équation donnée peut se mettre sous cette forme (2.e cas.) :

$$x^2+6x+9=0\text{, et par suite sous celle-ci : }(x+3)^2=0.$$

5.e Exemple. $x^2-2x=-5$. 1.° Les racines sont imaginaires, car le second membre -5 est négatif et a une valeur absolue plus grande que $\left(-\frac{2}{2}\right)^2$ ou 1; 2° elles sont de la forme $k\pm h\sqrt{-1}$, puisque l'on tire de l'équation $x=1\pm\sqrt{-4}$, ou $x=1\pm2\sqrt{-1}$; 3.° l'équation est impossible, ce qui résulte de la formule $x=1\pm2\sqrt{-1}$, d'où l'on déduit successivement (3.e cas.) :

$$x-1=\pm2\sqrt{-1}\text{, }(x-1)^2=-4\text{, }(x-1)^2+4=0.$$

Discussion des problèmes.

Toute valeur négative tirée de l'équation d'un problème du second degré, répond, abstraction faite de son signe, à un autre problème dont l'énoncé peut se déduire du premier en attribuant à l'inconnue un sens opposé.

En effet, l'équation $x^2+px=q$ devient, en changeant x en $-x$, $x^2-px=q$.

Ces deux équations ne diffèrent que par le signe du coefficient de la première puissance de l'inconnue ; donc les racines de l'une sont égales à celles de l'autre, prises en signe contraire. Mais ce principe n'est applicable que dans le cas où l'inconnue peut se prendre dans une acception contraire.

Si cette interprétation était impossible, la valeur négative de l'inconnue, prise positivement, correspondrait encore généralement à une question analogue à la proposée.

Soit le problème suivant :

On devait partager 360 fr. entre un certain nombre de personnes; quatre d'entre elles se trouvant absentes, cette circonstance augmente la part des autres de 3 fr. Combien devait-il y avoir de partageants?

Soit x ce nombre :

La part de chaque personne eût été $\frac{360}{x}$; mais elles sont quatre de moins, les nouvelles parts sont de $\frac{360}{x-4}$, et elles diffèrent de 3 fr., c'est-à-dire $\frac{360}{x-4}-\frac{360}{x}=3$.

Faisant disparaître les dénominateurs, il vient :

$$360\times x-360(x-4)=3\times x\times(x-4),$$

$$\text{ou } 360x-360x-1440=3x^2-12x\,;$$

de là il vient :

$$3x^2-12x=1440, \text{ ou } x^2-4x=480,$$

d'où l'on tire pour x la valeur

$$x=2\pm\sqrt{480+4},$$

$$\text{ou } x=2\pm\sqrt{484}=2\pm22=24 \text{ ou } -20.$$

Cette dernière valeur ne peut satisfaire, car l'inconnue ne peut changer d'acception; mais cherchons un autre problème qui ait de l'analogie avec celui-ci, en procédant de la manière suivante, jusqu'à ce qu'on puisse interprêter les expressions obtenues.

Prenons x en signe contraire, il vient : $\frac{360}{-x}$ et $\frac{360}{-x-4}$; mais la fraction ne change pas quand on change le signe des deux membres; ainsi on peut écrire :

$$\frac{-360}{x} \text{ et } \frac{-360}{x+4}, \text{ puis } \frac{-360}{x+4}-\frac{-360}{x}=3;$$

mais retrancher une fraction dont le numérateur est négatif, c'est cette fraction avec le signe positif; donc,

$$\frac{360}{x}-\frac{360}{x+4}=3.$$

Maintenant, je vois que $\frac{360}{x}$ représente la part des personnes qui devaient être présentes; et $\frac{360}{x+4}$ est une somme plus petite, parce qu'il y a quatre personnes de plus; j'en conclus le problème suivant :

On devait partager 360 fr. entre un certain nombre de personnes, il s'en trouve quatre de plus; alors la part de chacune est diminuée de 3 fr. Combien devait-il y avoir de personnes?

On voit dans cet énoncé que l'inconnue n'a pas changé de signe; seulement une circonstance est différente, et si on résolvait l'équation ci-dessus, on trouverait pour valeurs —24 et 20.

Problèmes.

1.er Trouver un nombre dont le carré, augmenté de 10, soit égal à 7 fois ce même nombre.

D'après l'énoncé, il vient :

$$x^2+10=7x \text{ ou } x^2-7x=10,$$

d'où l'on tire : $x=\frac{7}{2}\pm\sqrt{-10+\frac{49}{4}}$; d'où $x=\frac{7}{2}\pm\sqrt{\frac{9}{4}}=\frac{3}{2}$;

donc $x=\frac{7}{2}+\frac{3}{2}$ ou $\frac{7}{2}-\frac{3}{2}=5$ ou 2.

En effet, $25+10=7\times5$ ou 35 ;
$4+10=7\times2$ ou 14.

2.e Une personne achète un cheval qu'elle revend pour 21 louis ; elle perd autant pour 0/0 que le cheval lui avait coûté. Combien l'avait-elle acheté ?

En représentant ce nombre par x, on trouve qu'elle perd pour un louis $\frac{x}{100}$.

Conséquemment, pour x louis, elle perdra :

$$\frac{x}{100}\times x \text{ ou } \frac{x^2}{100};$$

De plus, elle l'avait acheté, x louis ; elle le revend 21 louis. Sa perte est donc de $x-21$.

Nous avons donc sa perte représentée par deux expressions différentes, mais égales ;

Donc $\frac{x^2}{100}=x-21$;

d'où $x^2=100x-2100$;

d'où il vient $x^2-100x=-2100$;

on tire de là $x=50\pm\sqrt{-2100+2500}$;

$x=50\pm\sqrt{400}=50\pm20$;

$x=70$; $x=30$.

En effet, $70\times\frac{70}{100}=\frac{4900}{100}=49$;

or, $70-49=21$, $30\times\frac{30}{100}=9$; or, $30-9=21$.

3.e L'extrémité supérieure d'une échelle est éloignée de 7 pieds du faîte du mur sur lequel elle s'appuie, et la distance de l'autre extrémité au pied du même mur est de 6 pieds. On demande la hauteur de ce mur, sachant que la longueur de l'échelle en est les 2/3?

Ce problème exige d'abord que l'on sache que le carré construit sur l'hypoténuse est égal à la somme des carrés construits sur les autres côtés du rectangle.

Cela posé, représentons par x la hauteur de ce mur.

$x-7$ représente la longueur de l'échelle; or, l'échelle est les 2/3 du mur, c'est-à-dire $\frac{2}{3}x$ *ou* $\frac{2x}{3}$.

D'après la position de l'échelle, on voit qu'elle est l'hypoténuse d'un triangle rectangle formé par le mur, le sol et l'échelle; or, la ligne qui s'étend du pied de l'échelle au mur est longue de 6 pieds; le mur est haut de $x-7$ pieds; voilà deux côtés du triangle; la somme de leurs carrés est égale au carré de l'hypoténuse; or, l'hypoténuse, c'est $\frac{2x}{3}$;

Donc $\left(\frac{2x}{3}\right)^2=(x-7)^2+6^2$,

ou $\frac{4}{9}x^2=x^2-14x+49+36$;

d'où $x^2-14x+85=\frac{4x^2}{9}$;

d'où on tire $9x^2-126x-4x^2=-765$;

$5x^2-126x=-765$;

$x^2-\frac{126x}{5}=-\frac{765}{5}$;

On tire :

$$x=\frac{63}{5}\pm\sqrt{-\frac{765}{5}+\frac{3969}{25}};$$

$$x=\frac{63}{5}\pm\sqrt{-\frac{3825}{25}+\frac{3969}{25}};$$

$$x=\frac{63}{5}\pm\sqrt{\frac{144}{25}};$$

$$x=\frac{63}{5}+\frac{12}{5}=\frac{75}{5}=15;$$

$$x=\frac{63}{5}-\frac{12}{5}=\frac{51}{5}=10\tfrac{1}{5}.$$

En effet, $15-7=8$; $15\times\frac{2}{3}=10$, longueur de l'échelle; 8 est un côté du triangle; l'autre est 6; la somme de leurs carrés est $64+36=100$.

Or, le carré de l'hypoténuse est aussi 100 $(10\times10)=100$; donc le mur a 15 pieds.

En second lieu, $10\frac{1}{5}-7=3\frac{1}{5}$; $10\frac{1}{5}\times\frac{2}{3}=\frac{102}{15}$, longueur de l'échelle ou de l'hypoténuse; le carré est $\frac{10404}{225}$; le carré de $3\frac{1}{5}$ est $\frac{256}{25}$; celui de 6 est 36 ou $\frac{8100}{225}$; $\frac{256}{25}=\frac{2304}{225}$; or, $\frac{2304+8100}{225}=\frac{10404}{225}$; donc ce mur peut également être élevé de 15 pieds ou de 10 pieds $\frac{1}{5}$.

4.e Trouver 1.º un nombre qui, augmenté de sa racine, égale 42; 2.º un nombre qui, diminué de sa racine, égale 42.

La question se ramène évidemment à celle-ci : trouver un nombre qui, augmenté de son carré, égale 42, et trouver un nombre élevé au carré, et qui, diminué de sa première puissance, égale 42 :

1.° On a $x+x^2=42$, ou $x^2+x=42$; on peut donner à x l'unité pour coefficient, et l'on tire :

$$x=-\frac{1}{2}\pm\sqrt{42+\frac{1}{4}};$$

$$\text{puis } x=-\frac{1}{2}\pm\sqrt{\frac{169}{4}};$$

$$x=-\frac{1}{2}\pm\frac{13}{2}=-\frac{1}{2}+\frac{13}{2}=\frac{12}{2}=6.$$

En effet, $36+6=42$.

2.° On a $x^2-x=42$; on tire de là :

$$x=\frac{1}{2}\pm\sqrt{42+\frac{1}{4}};$$

$$x=\frac{1}{2}\pm\sqrt{\frac{169}{4}}=\frac{13}{2};$$

$$x=\frac{1}{2}+\frac{13}{2}=\frac{14}{2}=7.$$

En effet, 7^2 ou $49-7=42$.

3.° Un certain nombre de personnes font ensemble une dépense de 800 fr. Trois d'entre elles sont insolvables, et cette circonstance augmente le paiement des autres de 60 fr. Combien y a-t-il de payants ?

Soit x ce nombre. D'abord elles étaient $x-3$, et devaient payer chacune $\frac{800}{x-3}$; mais trois étant insolvables, elles donnent chacune $\frac{800}{x}$, et paient 60 fr. plus que dans le premier cas ;

Donc $\frac{800}{x}-\frac{800}{x+3}=60$;

d'où il vient : $800x+2400-800x=60x^2+180x$;
$60x^2+180x=2400$;
ou bien $6x^2+18x=240$;
ou $x^2+3x=40$;

d'où $x=-\frac{3}{2}\pm\sqrt{40+\frac{9}{4}}$;

on tire de là : $x=-\frac{3}{2}\pm\sqrt{\frac{169}{4}}$;

$x=-\frac{3}{2}+\frac{13}{2}=\frac{10}{2}=5$.

En effet, $\frac{800}{5}=160$ fr. qu'elles donnent; si elles eussent été $5+3$ solvables, elles eussent donné $\frac{800}{8}=100$; or, $160-100=60$; donc elles sont cinq payantes.

6.e Un tonneau a trois orifices A, B, C; il se vide en 6 heures par les trois orifices coulant ensemble. Par l'orifice B seul, il se viderait dans les trois quarts du temps qu'il emploie pour se vider par A; par C, il se vide dans le même temps que par B plus 5 heures. Quel est le temps employé par chaque orifice coulant seul?

Réponse. Pour le premier, 20 heures; pour le second, 15 heures, et pour le troisième, 20 heures.

7.e On a payé, au bout d'un certain temps, deux ouvriers employés à des prix différents; le premier a reçu 96 fr., et le second, ayant travaillé 6 jours de moins, n'a reçu que 54 fr. Si ce dernier avait travaillé tous les jours, et le premier 6 jours de moins, tous deux auraient reçu la même somme. Combien de jours chacun a-t-il travaillé, et quel est le prix de leur journée?

Réponse. Le premier a travaillé 24 jours à 4 fr. par jour, et le second a travaillé 18 jours à 3 fr. par jour.

Questions de maximum et de minimum

Résolubles par les équations du deuxième degré.

On appelle *maximum* d'une quantité la plus grande valeur qu'elle puisse atteindre, sous la dépendance de certaines conditions données. Le *minimum* est la plus petite valeur opposée.

Par exemple, si l'on pose cette question :

Partager un nombre $2m$ en deux parties dont le produit soit le plus grand possible?

Ce produit sera un *maximum*, c'est-à-dire qu'il exprimera la plus grande valeur qu'on puisse obtenir, quand, après avoir décomposé le nombre $2m$ en deux parties, on a fait le produit de ces deux parties.

La question se réduit donc à déterminer ces parties du nombre $2m$.

Désignons par x l'une des parties, l'autre sera $2m-x$; si nous appelons p le plus grand produit possible de ces deux parties, nous aurons l'équation :

$$x(2m-x)=p,$$

$$\text{ou } 2mx-x^2=p, \text{ ou } x^2-2mx-p;$$

d'où l'on tire : $x=m\pm\sqrt{m^2-p}$.

De ce résultat, on conclut que x ne peut être réel qu'autant que p sera plus petit que m^2 ou au moins égal, d'où il suit que la plus grande valeur qu'on puisse donner à p, c'est m^2, c'est-à-dire que le plus grand produit des deux parties de $2m$ sera m^2; mais si l'on a $p=m^2$, il vient $x=m$; donc le plus grand produit possible d'un nombre est égal au carré de la moitié de ce nombre.

Si l'on demandait encore, par exemple, de partager un nombre $2m$ en deux parties telles que la somme des racines carrées de ces deux parties soit un *maximum*, on opérerait ainsi :

Désignant par x^2 l'une des parties, l'autre sera $2m-x^2$, et on représentera la somme de leurs racines par :

$$x+\sqrt{2m-x^2}.$$

C'est donc le *maximum* de cette expression qu'il faut déterminer.

Remplaçons cette valeur par y, il viendra :

$$x+\sqrt{2m-x^2}=y\text{, ou }\sqrt{2m-x^2}=y-x;$$

si j'élève tout au carré, j'aurai : $2m-x^2=y^2-2xy+x^2$; d'où $2x^2-2xy=2m-y^2$;

équation qui donne : $x=\frac{y}{2}\pm\sqrt{\frac{y^2}{4}+\frac{2m-y^2}{2}}$;

$$\text{d'où } x=\frac{y}{2}\pm\frac{1}{2}\sqrt{4m-y}.$$

L'inspection de ce radical nous montre que pour avoir des valeurs réelles de x, il faut que y soit plus petit que $4m$ ou au moins qu'il ne le dépasse pas; et de là il suit que $2\sqrt{m}$ est la plus grande valeur que puisse recevoir y; alors si l'on pose : $y=2\sqrt{m}$, on déduit $x=\sqrt{m}$ et $x^2=m$, et $2m-x^2=m$; ce qui signifie que le nombre m doit être partagé en deux pour que la somme des racines carrées de ces deux parties soit un *maximum*.

CHAPITRE X.

THÉORIE DES PROGRESSIONS ET DES LOGARITHMES.

Progressions.

§ I.er — *Progressions par différence.*

On appelle progressions par différence une suite de nombres dont chacun est égal à celui qui le précède, plus une quantité fixe qu'on appelle *raison* de la progression.

C'est la même définition qu'en arithmétique. Ainsi, si nous avons les quantités a, b, c, d, telles que $b=a+$ une quantité r, $c=b+r$, $d=c+r$, on dira que ces quantités forment une progression par différence ou arithmétique.

L'arithmétique donne les propriétés des progressions par différence, sans donner les formules qui servent à les détermimer. C'est à l'algèbre à fournir ces formules.

1.re Formule.

Un terme quelconque d'une progression par différence est égal au premier terme, plus la raison répétée autant de fois qu'il y a de termes avant lui.

Soit r la raison, et m le n.^{me} terme de la progression, on a les équations :

$$b=a+r,\ c=b+r,\ d=c+r, \ldots\ m=d+r;$$

ajoutant ces équations, on trouve :

$$b+c+d+m=a+r+b+r+c+r+d+r;$$

retranchant les termes communs, il reste :

$$m=a+r(n-1),$$

ce qu'il fallait démontrer.

2.e Formule.

La somme des termes d'une progression par différence s'obtient en prenant la moitié des extrêmes ajoutés ensemble et en la multipliant par le nombre des termes.

Soit $\div a \,.\, b \,.\, c \,.\, d \ldots\ldots m;$

si nous appelons s la somme de ces termes, il vient :

$$(1)\ s=a+b+c+d+\ldots m;$$

posons la même progression en descendant, il vient :

$$(2)\ s=m+d+c+b+a;$$

mais dans cette nouvelle équation chaque terme est moindre que celui qui le précède de la quantité r, au lieu que dans la précédente, il est plus grand de la même quantité, en sorte qu'on a les deux équations :

$$a+r=b,\ b+r=c,\ c+r=d,\ d+r=m,$$

$$\text{et } m-r=d,\ d-r=c,\ c-r=b,\ b-r=a;$$

ajoutant ces équations membre à membre, on tire :

$$a+m=b+d,\ b+d=c+c,\ c+c=d+b,\ d+b=m+a;$$

or, il est aisé de voir que ces binômes sont égaux, et que leur nombre égale celui des termes de la progression; en faisant donc la somme des deux progressions croissante et décroissante, on a :

$2s=a+m$ multiplié par le nombre des termes;

$$\text{d'où on tire : } 2s=(a+m)n,\ s=\left(\frac{a+m}{2}\right)n.$$

C'est avec ces deux formules qu'on peut facilement résoudre les deux questions suivantes :

1.° Insérer q moyens termes arithmétiques entre deux quantités a et k, ce qui revient à trouver la raison r d'une progression de $q+2$ termes, dont les extrêmes seraient a et k;

$$\text{or, de la formule : } m=a+r(n-1),$$

$$\text{on tire : } m=a+(q+1)r;$$

$$\text{d'où } r=\frac{m-a}{q+1}.$$

Une fois la raison déterminée, il est facile d'obtenir chacun des moyens termes.

2.° Trouver la moyenne arithmétique entre tous les termes d'une progression par différence?

$$\text{De la seconde formule : } s=\left(\frac{a+m}{2}\right)n,$$

$$\text{on tire : } \frac{s}{n}=\frac{a+m}{2};$$

ce qui signifie que la moyenne entre tous les termes d'une progression arithmétique est égale à la moyenne arithmétique entre les deux extrêmes.

§ II. — *Progressions par quotient.*

On appelle progression par quotient ou progression géométrique une suite de nombres telle que chacun égale celui qui le précède, multiplié par une quantité fixe qu'on appelle *raison* de la progression.

C'est la même définition qu'en arithmétique : la progression est *croissante* ou *décroissante*, suivant que la *raison* est plus grande ou plus petite que l'unité.

Passons aux formules que fournit l'algèbre, pour résoudre les questions qui ont rapport aux progressions.

1.re Formule.

Pour trouver un terme quelconque d'une progression par quotient, il faut multiplier le premier terme par la raison élevée à une puissance marquée par le nombre des termes qui le précèdent.

En effet, appelons la raison q, et l le n.e terme qu'on cherche,

$$\div a : b : c : d : e : \ldots . l,$$

nous aurons les $n-1$ équations suivantes, qui découlent de la définition donnée plus haut :

$$b=aq,\ c=bq,\ d=cq,\ e=dq,\ l=eq;$$

si nous les multiplions, nous trouvons :

$$bcde\ldots.l=abcd\ldots.eq^{n-1};$$

maintenant. si nous divisons par bcd, il reste :

$l=aq^{n-1}$, ce qu'il fallait démontrer.

De cette formule, tirons la solution de cette question :

Insérer m moyens proportionnels entre l et a, ce qui revient à trouver la raison q d'une progression par quotient dont les extrêmes sont a et l, et dont le nombre des termes est $m+2$; or, le terme l est du rang $m+2$, donc il est précédé de $m+1$ termes ; et de la formule ci-dessus on déduit :

$$q=\sqrt[m+1]{\frac{l}{a}},$$

ce qui signifie que pour avoir la raison de la progression

qui servira à former les termes, il faut diviser le dernier terme par le premier; extraire du quotient une racine marquée par le nombre des moyens à insérer, plus un. Une fois la raison trouvée, il est facile de déterminer les moyens termes.

2.e Formule.

Pour avoir la somme de tous les termes d'une progression géométrique, on divise par la raison diminuée de l'unité le produit du dernier terme multiplié par la raison et diminué du premier terme.

En effet, soit la progression :

$$\div\!\div\, a : b : c : d : e : \ldots . l,$$

la somme sera : (1) $s = a + b + c + d + e + \ldots . l$; observons que $b = aq$, $c = bq$, $d = cq$, etc.; multipliant l'équation ci-dessus par q, la raison, on trouve :

$$(2)\ sq = aq + bq + cq + dq + eq + \ldots . lq;$$

maintenant retranchons l'équation (1) de l'équation (2), nous aurons :

$$s(q-1) = lq - a;$$

$$\text{d'où } s = \frac{lq-a}{q-1};$$

si nous prenons la progression :

$$\div\!\div\, 3 : 9 : 27 : 81 : 243 : 729,$$

$$\text{la somme sera } s = \frac{729 \times 3 - 3}{3-1} = 1092.$$

Logarithmes.

On sait que Néper, inventeur des logarithmes, les a définis : « *Les termes d'une progression par différence com-* « *mençant par* 0, *correspondant à la suite des nombres* « *regardés comme faisant partie d'une progression par* « *quotient, commençant par l'unité.* »

On peut considérer encore les logarithmes comme les exposants de la puissance à laquelle il faut élever un nombre fixe appelé base du système, pour produire les quantités dont les logarithmes sont les exposants.

Ainsi, par exemple, soit b la base d'un système de logarithmes, et x l'exposant de la puissance à laquelle il faut élever b pour avoir y, en sorte que l'on ait $y=b^x$, on dira que x sera le logarithme de y relativement à la base b.

Nous n'entrerons pas dans la discussion de l'équation $y=b^x$, parce qu'elle suppose la connaissance des équations exponentielles, et qu'elle dépasse les limites du programme dans lesquelles nous devons nous renfermer.

Propriétés des logarithmes.

Le grand avantage des logarithmes est de simplifier toutes les opérations de calcul, comme on va le voir par la suite des propositions que nous allons établir :

1.° Le logarithme d'un produit est égal à la somme des logarithmes des facteurs.

Ainsi, voilà un moyen d'abréger les multiplications : les deux facteurs étant donnés, cherchez leurs logarithmes dans les tables; ajoutez ensemble ces logarithmes;

cherchez le nombre correspondant à ce nouveau logarithme, vous avez le produit des deux facteurs.

En effet, soit les deux quantités v, v', et b la base du système dans lequel on prend les logarithmes, d'après la définition, on a :

$$v = b^{\log. v}, \quad v' = b^{\log. v'};$$

multipliant ces deux équations, il vient :

$$vv' = b^{\log. v} \times b^{\log. v'}, \text{ ou bien } vv' = b^{\log. v + \log. v'};$$

d'où l'on tire : $\log. vv' = \log. v + \log. v'$, d'après la définition même des logarithmes.

2.º *Autre propriété.* Le logarithme d'un quotient est égal à la différence du logarithme du dividende et de celui du diviseur.

Nouveau moyen de simplifier la division. Étant donné le dividende et le diviseur, on prend le logarithme du premier dont on retranche celui du second; la différence forme un logarithme dont on cherche le nombre correspondant dans les tables; ce nombre est le quotient de la division.

En effet, désignant par v et v' les deux facteurs de la division, on a :

$$v = b^{\log. v}, \quad v' = b^{\log. v'},$$

divisant les équations membre à membre, il vient :

$$\frac{v}{v'} = \frac{a^{\log. v}}{a^{\log. v'}} = a^{\log. v - \log. v'};$$

et d'après la définition des logarithmes, il résulte :

$$\log. \frac{v}{v'} = \log. v - \log. v'.$$

De cette propriété, il suit que, pour avoir le logarithme

d'une fraction, il faut retrancher le logarithme du dénominateur de celui du numérateur ; car les deux termes d'une fraction peuvent être considérés comme le dividende et le diviseur d'une division.

3.° La racine m.^{eme} d'une quantité a pour logarithme le logarithme de cette quantité divisé par m. Cette propriété a pour résultat de simplifier les extractions de racines.

Ainsi, pour extraire une racine quatrième, par exemple, d'un nombre, cherchez le logarithme de ce nombre ; divisez-le par 4, vous avez un nouveau logarithme ; cherchez dans la table le nombre qui lui correspond, c'est la racine cherchée.

En effet, désignons par x la puissance à laquelle il faut élever un nombre b pour avoir v, on aura :

$$v=b^{x};$$

d'où l'on tire : log. $v=x$, et encore $v=b^{\log. v}$;

extrayant la racine m.^{eme} de cette équation, il vient :

$$\sqrt[m]{v}=\sqrt[m]{b^{\log. v}}=b^{\frac{\log. v}{m}};$$

$$\text{d'où résulte : } \log. \sqrt[m]{v}=\frac{\log. v}{m}.$$

Logarithmes décimaux.

Le système de logarithmes le plus usité est celui dont la base est 10 ; nous allons l'étudier tout particulièrement.

Observons d'abord les propriétés des logarithmes dont la base est plus grande que l'unité. Dans un système semblable de logarithmes, deux propriétés sont importantes à remarquer :

1.° Les logarithmes des nombres plus grands que l'unité sont positifs et croissent à mesure que ces nombres eux-mêmes augmentent.

Ainsi, dans l'équation $v=b^x$, si l'on pose : $x=1$, $x=2$, $x=3$...., les valeurs de v deviennent de plus grandes en plus grandes, d'après la définition des logarithmes ;

On tire : $v=1$, $v=b$, $v=b^2$, $v=b^3$; d'où log. $1=0$, log. $b=1$, log. $b^2=2$, log. $b^3=3$.

2.° Les logarithmes des nombres en-dessous de l'unité sont négatifs et d'autant plus grands, abstraction faite des signes, que les nombres sont plus petits.

Dans l'équation $v=b^x$, si l'on fait $x=0$, $x=-1$, $x=-2$, $x=-3$...., il en résulte pour v des valeurs décroissantes :

$$v=1,\ v=\frac{1}{b},\ v=\frac{1}{b^2},\ v=\frac{1}{b^3};$$

d'où il vient :

$$\log.\ 1=0,\ \log.\frac{1}{b}=-1,\ \log.\frac{1}{b^2}=-2,\ \log.\frac{1}{b^3}=-3.$$

Considérons maintenant le système dont la base est 10. Ce système jouit de ces deux propriétés dont nous venons de parler; de là, on en conclut que :

1.° Le logarithme de l'unité suivie de n zéros est égal à n.

En effet, 1 suivi de n zéros $=10^n$; or, d'après la définition du logarithme, on a :

$$v=10^n,\ \text{d'où log. } v=n,$$

c'est-à-dire le logarithme de l'unité suivie de n zéros $=n$.

2.° Le logarithme d'une unité décimale précédée de n zéros, est égal à $-n$.

Dans le système dont la base est 10, l'unité décimale du n.^{eme} ordre $= \frac{1}{10^n} = 10^{-n}$; d'où log. (1 précédé de n zéros) $= -n$.

De ce qui précède, on peut conclure la signification des caractéristiques négatives; elles indiquent que le logarithme auquel elles appartiennent est le logarithme d'une fraction plus petite que l'unité.

Quand donc on opère sur ces logarithmes à caractéristique négative, il faut suivre une règle contraire à celle que nous avons tracée plus haut.

Ainsi, pour la multiplication, au lieu d'ajouter le logarithme, il faut le retrancher.

En effet, multiplier par une fraction, c'est multiplier par le numérateur et diviser par le dénominateur, ou bien ajouter le logarithme du numérateur et retrancher celui du dénominateur, ou bien encore retrancher l'excès du logarithme du dénominateur sur celui du numérateur; or, cet excès est précisément le logarithme de la fraction.

Nous venons de voir une origine des logarithmes à caractéristique négative ; mais cette espèce de logarithmes se présente encore sous une autre forme dont nous allons nous occuper.

Quand on fait usage des logarithmes dans les opérations, comme nous l'avons expliqué, il arrive assez souvent qu'on est amené à plusieurs additions et soustractions de logarithmes; or, on réduit ces opérations à une seule addition, au moyen de ce qu'on appelle *compléments arithmétiques*. Le *complément arithmétique* est ce qu'il faut ajouter à un logarithme pour égaler 10.

Ainsi, soit le logarithme 2,90363, son complément arithmétique sera $10-2,90363=7,09637$.

Au moyen de ces compléments arithmétiques, disons-nous, on réduit à une seule addition les différentes additions et soustractions de logarithmes qu'il faudrait faire en dehors de ce moyen.

Ainsi, qu'on ait à trouver le résultat d'une opération de logarithmes désignée par ces quantités : $l-l'+l''-l'''$, considérées comme des logarithmes :

Au lieu d'ajouter l et l'', et de retrancher l' et l''', on prend les compléments arithmétiques de l' et l''' exprimés par $\overline{10-l'}$ et $\overline{10-l'''}$, et on les ajoute à l et l'', en sorte qu'on n'a qu'une seule addition :

$$l+l''+\text{comp. } l'+\text{comp. } l'''-20\,;$$

addition déduite de celle-ci, où les compléments sont sous une autre forme :

$$l+l''+\overline{10-l'}+\overline{10-l'''}-20\,,$$

il faut retrancher 20 de l'addition, puisqu'on a ajouté deux fois 10 de trop.

C'est par l'emploi de ces compléments arithmétiques qu'on arrive à une forme de caractéristique négative employée par les grands auteurs, et dont voici un exemple :

Supposons qu'on veuille avoir, par ce procédé, le logarithme de la fraction $\frac{13}{17}$; ce logarithme égale log. 13 — log. 17; en prenant le complément arithmétique, on dira : $\log.\ \frac{13}{17}=\log.\ 13+\text{comp. } \log.\ 17-10$; or, $\log.\ 13=1,11394$, $\log.\ 17=1,23045$; d'où son comp. $=8,76955$; j'aurai donc :

$$\log.\frac{13}{17} = 1,11394 + 8,76955 - 10,$$

$$\text{ou } 9,88349 - 10 = -0,11651\text{, ou } \overline{1},88349.$$

Voici comment s'obtient cette nouvelle forme de caractéristique :

Au lieu de retrancher de 10 tout le log. 9,88349, et d'affecter du signe — le reste tout entier, on a imaginé de ne retrancher de 10 que la caractéristique, et de laisser le reste du logarithme intact, et d'affecter alors du signe — la caractéristique seule du logarithme restant; de là, il suit que, dans cette nouvelle forme de logarithmes, la caractéristique seule est négative, le reste est positif; au lieu que, dans l'autre forme, tout le logarithme est négatif.

De là, il résulte une nouvelle manière d'opérer, quand on se sert de cette espèce de logarithmes à caractéristique seule négative.

Et d'abord, s'il s'agit de trouver le nombre auquel correspond un semblable logarithme, on ajoute seulement à la caractéristique une quantité suffisante pour avoir une caractéristique positive, et l'on cherche alors le nombre correspondant à ce nouveau logarithme; après l'avoir trouvé, on le divise par la puissance de 10 égale au nombre qu'on a ajouté à la caractéristique négative.

Dans les opérations sur les fractions, on peut faire usage de cette forme de logarithmes, en retenant les principes que nous venons d'exposer :

Soit à chercher le produit de $\frac{13}{17} \times \frac{11}{19}$; ce produit égalant

x, on aura : log. x = log. 13 — log. 17 + log. 11 — log. 19 ;

$$\begin{array}{rl} \text{d'où log. } 13 = & 1{,}11394 \\ \text{comp. log. } 17 = & 8{,}76955 \\ \text{log. } 11 = & 1{,}04139 \\ \text{comp. log. } 19 = & 8{,}72125 \\ \hline & 19{,}64613 \\ & -20 \\ \hline & \bar{1}{,}64613 \end{array}$$

j'ajoute 3 à la caractéristique, et je trouve que le log. 2,64613 répond à 442,27 ; divisant ce nombre par 10^3 ou 1000, le résultat est 0,44227.

Cet exemple suffit pour indiquer la marche à suivre dans les autres opérations, soit divisions, soit formations de puissances des fractions.

Application des logarithmes aux intérêts composés et aux annuités.

On a vu en arithmétique ce qu'il faut entendre par *intérêts composés*, et de quelle manière on résout les questions où l'on cherche soit l'*intérêt*, soit le *capital*, soit le *taux*, soit le *temps*.

Mais il appartient à l'algèbre de simplifier ces opérations, en fournissant les formules au moyen desquelles la solution s'obtient immédiatement.

Pour arriver à ce but si avantageux, il suffit de résoudre le problème suivant.

Donner les rapports qui existent entre l'intérêt annuel d'un franc r, *une somme quelconque* a, *le nombre* n *des années pendant lesquelles cette somme est placée en intérêts composés, et enfin la somme totale A qu'elle produit au bout de ce temps :*

Le capital a donnant par an un intérêt exprimé par ar, deviendra, au bout d'une année, $a+ar=a(1+r)$; d'où il suit que le produit d'un capital quelconque par $1+r$ exprime sa valeur au bout d'un an.

D'après cela, le capital a valant au bout d'un an $a(1+r)$, devient, au bout de la deuxième année, $a(1+r)(1+r)$ ou $(1+r)^2$, au bout de la troisième année, $a(1+r)^2(1-r)$ ou $a(1+r)^3$, et en général, au bout de n années, il devient $a(1+r)^n$; d'où l'on tire la formule suivante, faisant A la somme totale, $A=a(1+r)^n$, et en faisant usage des logarithmes pour abréger le calcul, il vient : $\log. A=\log. a+n\log. (1+r)$ (q); une fois cette formule trouvée, on peut déterminer aisément les quatre quantités A, a, n, r, quand les trois autres sont données.

Avec cette formule, on résout immédiatement les quatre questions suivantes qui renferment toutes les opérations sur les intérêts composés :

1.° *Trouver le capital* A *produit par la somme* a *placée en intérêts composés à raison de* r *pour* 1 *fr. pendant* n *années.*

L'inconnue est donnée par le développement de la formule (q) ci-dessus.

Ainsi, soit $a=100$, $n=10$, $r=0{,}05$, on aura :

$$\log. A = \log. 100 + 10 \times \log. 1{,}05 = 2 + 10 \times 0{,}02119$$
$$= 2{,}2119 = \log. 162{,}89;$$

d'où il suit que A = 162 fr. 89 c.

2.° *Le rapport annuel d'un fr. étant* r, *trouver la valeur actuelle* a *d'un capital* A *payable dans* n *années.*

De la formule (q), on déduit :

$$\log. a = \log. A - n \log. (1 + r).$$

Il est facile, avec cette formule, de trouver la valeur de a.

3.° *Trouver la valeur* n *années pendant lesquelles un capital* a *doit être placé à intérêt composé de* r *par fr. pour un an, afin de produire un capital total connu* A.

De l'équation (q), on déduit encore la formule suivante qui donne la solution :

$$n = \frac{\log. A - \log. a}{\log. (1+r)}.$$

Il pourrait arriver qu'on voulût chercher un nombre d'années nécessaire pour que a devînt un certain nombre de fois plus grand, k, par exemple, en sorte que A devînt ka; ou $\log. A = \log. k + \log. a$; il suffirait, pour résoudre la question, de remplacer la valeur de log. A par celle-ci dans la valeur de n, ce qui donnerait :

$$n = \frac{\log. k}{\log. (1+r)};$$

car on a successivement les équations :

$$\log. A = \log. k + \log. a,$$

$$\text{et } n = \frac{\log. k + \log. a - \log. a}{\log. (1+r)};$$

mais au numérateur, $+ \log. a$ et $- \log. a$ se détruisent, il reste la formule :

$$n = \frac{\log. k}{\log. (1+r)};$$

faisant, par exemple, $k = 2$, et $r = 0{,}05$, on trouve :

$$n = 14 \text{ ans } 2 \text{ mois}.$$

4.° *Trouver le taux auquel il faut placer un capital* a *à intérêt composé, pour qu'il devienne, au bout de* n *années, un capital* A.

De la formule (q), on tire la solution, par cette nouvelle formule :

$$\log.(1+r)=\frac{\log. A-\log. a}{n},$$

qui servira à calculer la valeur de $1+r$ qu'on désigne, par exemple, par m; il vient :

$$1+r=m;$$

$$\text{d'où } r=m-1, \text{ et } 100\,r=100\,(m-1).$$

Calcul des annuités.

Un capital A fr. doit être payé en n paiements égaux, effectués à la fin de chaque année. Quelle est la valeur de chaque paiement ?

Nous avons vu précédemment que le capital A, au bout de n années, $= A\,(1+r)^n$; de là il suit que chaque paiement annuel est exprimé par la série des quantités suivantes, faisant chaque paiement $= a$:

$$a\,(1+r)^{n-1},\ a\,(1+r)^{n-2},\ a\,(1+r)^{n-3}\ldots.+a;$$

arrivé au dernier paiement, on a atteint le capital A ; à cette époque, le capital A est devenu $A\,(1+r)^n$; or, la somme des n premières expressions doit égaler la dernière :

$$a\,(1+r)^{n-1}+a\,(1+r)^{n-2}+a\,(1+r)^{n-3}+a=A\,(1+r)^n;$$

$$\text{d'où il vient : } a=\frac{Ar\,(1+r)^n}{(1+r)^n-1};$$

et en faisant usage des logarithmes, on tire :

$$\log. a = \log. A + \log. r + n \log. (1 + r) - \log. [(1+r)^n - 1].$$

On peut traiter ce problème sous trois autres rapports, comme les intérêts composés, en prenant pour inconnue ou A, ou n, ou r ; or, ce problème n'est rien autre chose que le calcul des annuités ; il n'y a que l'énoncé à changer.

Une personne ayant encore, par hypothèse, n années à vivre, place un capital A en rente viagère. Quelle est la valeur de cette rente ?

C'est la valeur de chaque paiement du problème précédent.

On trouve ci-contre une table de mortalité prise sur une grande échelle et pouvant servir à déterminer n.

TABLE DE MORTALITÉ

POUR LE CALCUL DES ANNUITÉS.

AGE.	ANS.	MOIS.
0	28	9
1	36	4
5	49	5
10	40	10
15	37	5
20	34	3
25	31	4
30	28	6
35	25	9
40	22	11
45	20	1
50	17	3
55	14	6
60	11	11
65	9	1
70	7	7

TABLE DES MATIÈRES.

Le Programme du Baccalauréat-ès-Sciences servant de limites à l'ouvrage, lui tient lieu de Table.

PROGRAMME DU BACCALAURÉAT-ÈS-SCIENCES.

ALGÈBRE.

FIN.

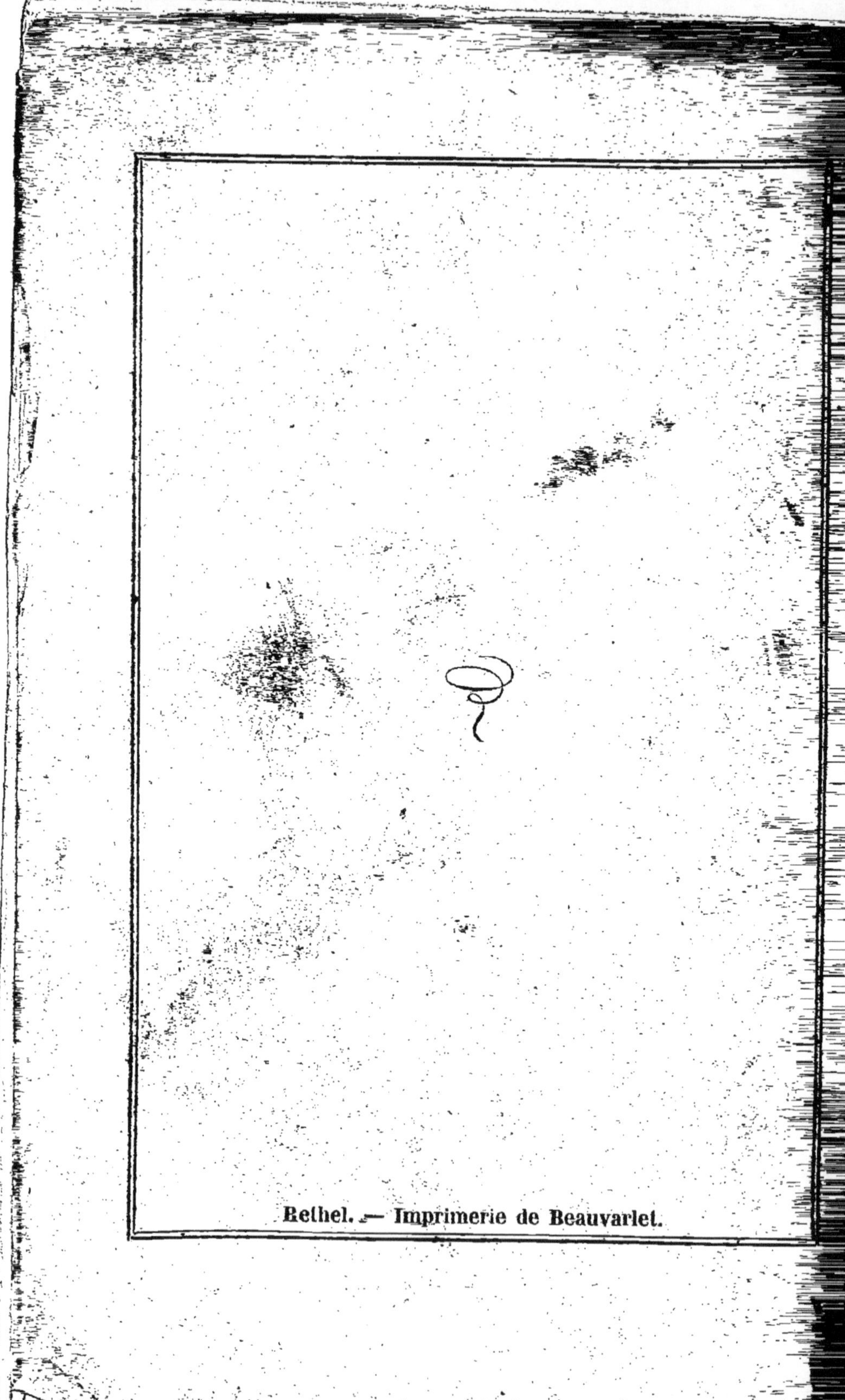

Rethel. — Imprimerie de Beauvarlet.

www.ingramcontent.com/pod-product-compliance
Ingram Content Group UK Ltd.
Pitfield, Milton Keynes, MK11 3LW, UK
UKHW021906260726
13966UKWH00006B/1042

9 782011 929105